米穀粉的無麩質
烘焙料理教科書

用無添加的台灣米穀粉取代麵粉，
成功做出麵包、鬆餅、蛋糕、司康、塔、派、
餅乾及中式點心、異國與家常料理

鍾憶明 著

常常生活文創

【推薦序】

以米穀粉打造健康、無添加的新飲食生活

稻米為我國最重要的農糧作物，每年生產量約為130萬公噸，民國70年時國人每人每年食米消費量約為98公斤，至民國106年下降至約45.4公斤，近年國人喜愛麵食及烘焙產品優於米食，惟有運用加工優勢，將稻米變身米穀粉，以各類食品融入消費者飲食生活，才能有效拓增食米消費量，提升糧食自給率。

水稻富含優質蛋白質，蛋白質效率、淨蛋白利用率及消化吸收率均較其他穀類蛋白質更高，必需胺基酸含量均衡且豐富，提供之飽足感優於其他主食，磨製成米穀粉製成中、西式米食，不但具有營養訴求、增加產品濕潤性及口感，更可在國際糧價劇烈波動時，降低對進口糧食之依賴，減少國內廠商所面臨之價格衝擊。

米穀粉是將糙米或白米研磨而成的原料，稻米不含小麥麩質(gluten)，在製作烘焙產品時必然無法和麵粉呈現相同特性，其中，米穀粉磨粉技術及加工製作的技巧為成就好吃米製烘焙點心的關鍵，憶明老師是業界少數可同時掌握米穀粉磨粉關鍵技術與加工製作技巧的專家，這本《米穀粉的無麩質烘焙料理教科書》涵蓋原料介紹、各式傳統米食及現代化新興米食食譜及製作技巧，除了是米食愛好者的入門書，同時也為麩質過敏患者創造品嚐烘焙美食的機會。

誠摯向大家推薦本書，並期許讀者們善用米穀粉天然營養優勢及低吸油率、保水性佳、澱粉顆粒細緻、口感酥脆等理化性質，減少加工過程中添加物的使用，以米穀粉打造健康、無添加的飲食新生活。

宋鴻宜
行政院農業委員會農糧署糧食產業組糧食經營科科長
臺灣大學食品科技研究所博士
專技高考食品技師、營養師

【推薦序】

美味滿分的食材好幫手

憶明是一位標準的台灣女兒，有著一顆聰慧的心和靈巧的雙手，每天孜孜不倦為家人的飲食張羅著，這幾年，更是為了愛鄉、愛土、愛家園的初衷，一步一腳印地推廣著台灣米穀粉這樣的好食材，原本手藝就極佳的她，為了充分理解與發揮材料特性，一邊努力上課學習、參加國內外的展覽活動，深入了解米食市場需求，也拜訪產地、選擇好的原料評估製粉，另一方面更作足功課，尋覓廠房務實規劃生產線精進設備和技術，憑藉著無比堅定的信念，終於順利取得有機驗證，也擁有了一群同樣對食物品質堅持的忠實客戶。

看著她熱忱滿滿的全國四處授課推廣米穀粉料理，以及在臉書分享測試各種米穀粉產品的心得，常常嘴刁的自己和家人員工就是成品最嚴格的品評員，這樣精雕細琢的職人態度累積下來的經驗值，終於有了很好的階段性成果，孕育出《米穀粉的無麩質烘焙料理教科書》。

這樣一本貼近家庭需求的工具書，文字明亮溫暖，內容樸實淺顯易懂，對於想要嘗試邁入米料理世界的好食男女們，憶明的文字會激發起你們不如立即動手來作作看的慾望，在傳統米食章節中，回歸到使用實在的米穀粉原料，蒸炊出碗粿、蘿蔔糕等讓你難以忘懷年少記憶中的醇真滋味，在流行不敗的西式烘焙配方利用米穀粉製作出口感細膩、減油健康的蛋糕、麵包和西點，或者是再多些應用創意，作為大阪燒的粉漿、煎魚炸肉的裹粉，米穀粉絕對是讓你調理輕鬆、成品美味滿分的食材好幫手。

農業是台灣根基，稻米又為最大宗的農作物，對於涵養土地維護環境健康的重要性不言而喻，期待更多人來加入米穀粉的世界，就如實的從這本書開始吧！

蘇梅英 博士
中華穀類食品工業技術研究所　研究發展組組長
台灣穀物產業發展協會　秘書長
食品國家標準技術委員

【推薦序】

誰道一本食譜書，竟是四代女兒情…

說起對憶明的第一印象，就是快人快語，但萬萬沒有想到，她連出書的速度都快！還記得去年冬天，我們在一場南投的農友聚會中碰面，閒談之中她說起想出本食譜書，好好為大家介紹台灣的米穀粉！

身為以種植稻米為生的農民，對於這樣一本食譜書，自是寄與十分的厚望！但想起她同時身兼母親與總裁，經常還得出國拚業務，回國教技術，恐怕這本書得望穿好幾重秋水才盼得來了……孰知今年的新秧方纔落塗，憶明已來信邀約推薦序文…

拜讀之後不禁恍然大悟，誰道一本食譜書，竟是四代女兒情…書中信手捻來，無非是憶明兒少時在客家外婆灶下穿堂走弄的暖暖回憶！而命運之神的安排，也讓她因為女兒的麩質過敏，而一腳踏入了米穀粉的料理世界！

為了讓吃米飯長大的台灣人，還有越來越習慣吃麵食的新世代，能夠用味蕾喚醒日益沉睡的食米基因，憶明毫不保留地敞開記憶的百寶盒，讓我們得以瞥見一位堅毅而慈愛的外婆，如何用料理培育出孫女的料理魂，甚至還開啟了台灣的米食新時代！

從食譜書寫的角度而言，這絕對是一本從廚房的鍋碗瓢盆堆裡，扎扎實實長出來的在地工具書！從回憶書寫的觀點來看，這卻又是一本充滿祖孫/母女情感，值得細細品嚐的抒情相思曲！

在這個食安問題甚囂塵上，離鄉離土已成必然的時代裡，真心樂見憶明這般如實呈現，說到做到的俠女出現！無論眼前有多大的困難，只要願意從自身做起，總能找到解決之道，或許有朝一日，每個台灣的囡仔在過生日時，都會滿心歡喜地期待，用台灣米穀粉做成最新鮮、也最好吃的米蛋糕…

朱美虹 / 賴青松
美虹廚房料理人 / 穀東俱樂部農伕

【業界肯定推薦】

◎感謝貴司對米穀粉的品質堅持,成為米烘焙的關鍵力量。～～找到幸福咖啡店 吳欣敏

◎佳實的米穀粉是在做DIY活動時,最省工、最方便、最安心的材料了,大推。～～花滿蹊理想。純露。花茶。生活 黃素馨

◎使用米穀粉感覺很難?跟著步驟輕鬆玩,妳(你)也能成為廚房小食神。～～好稻子垂垂 阿肥的米 徐苑斐

◎佳實米穀粉運用於各式烘焙產品上,皆能表現出稻米的純粹風味。～～好嚐 Tastygooood 張絜茹

◎佳實最懂小農的心,令人安心的製程,讓稻米從產地→加工→餐桌都是真誠的食物。～～葦葦稻來 陳佩葦

◎對加工品質如此堅持,唯有「佳實」辦得到。～～真食感受 林牧村&黃姿綺

◎用心推廣100%純天然米穀粉,為台灣的優良農產品找出新的方向。～～大賀米 陳士賢

◎不僅重視原料的來源及品質,也很重視環境議題。佳實米穀粉一直是我在食農教育推廣的唯一選擇,真心推薦。～～凡是品味 行動廚房 王夢凡

◎佳實米穀粉很屬害,可以讓有麩質過敏的我安心享用,同時也用另一種形式支持台灣農業,降低食物哩程。～～恬野書 吳佳靜

◎店裡產品一直到遇見佳實米穀粉才毫無懸念的定案,使用的奶油量雖降低,成品卻更濕潤細緻、米香四溢,真的非常推薦給想要嘗試台灣食材的朋友。～～ASW TEAHOUSE 林映均

◎以米穀粉製作點心,口感細緻容易消化、純粹米香讓身體輕鬆無負擔。～～阿邦登夏生活工作室 張瓊今

陸穀人家芋香米 蘇柏嘉

宜蘭縣冬山鄉農會供銷部 黃志成

三星有機稻鴨米 陳晉恭

古妮健康屋 許容慈

綠色廚房 王于慧

達克闇黑工場 張展維

小川食堂 江靜晞

樂生田 何惠蓮

我們家 任永旭

陽光三葉草自然生態村 劉建生

謝謝米 陳詩韻

号鳥食趣咖啡館 薛明慶

田文社 Over

小間書菜 彭顯惠

北投食米屋 / 世界巧克力大賽銀獎得主 蘇怡帆

冒險吃好米 莊登傑

穀雨紀實 陳祥豪

回家生活 – 書食小舖 張瑞美

穀笠合作社 吳宗澤

上下游市集

小太陽悠活館

【自序】

把台灣的美好，一口一口地吃回來

童年時期，住家的對面就是一大片稻田，放學後，在田邊跟同伴一起打滾奔跑、摘花抓昆蟲，是我最甜美的童年記憶。女兒們童年時期的嚴重過敏問題，讓我研究起食物與健康的關係，進而關注起環境議題。

飲食習慣的改變，造成國產稻米的年消耗量節節下降，美麗的稻田一大片、一大片地消失，影響的不僅是賴以為生的人們，還有仰賴農地生態的其他物種。平凡如我，總希望能再多做些甚麼，來幫忙保存農地跟自然環境。

透過先生工作的關係，得以接觸用日本的濕式氣流粉碎技術生產的米穀粉，才知道原來用這樣的米穀粉能做出許多現代人喜歡的食物，不論是早餐的蔬菜煎餅、下午茶的杯子蛋糕、還是晚餐的香煎肉排都能用得上，更重要的是，米穀粉原料就是各種國產稻米，於是我心想：「如果能增加台灣稻米的消耗量，也許農地消失的速度能慢一些。」遂開始(不知死活地)投入米穀粉的生產(無底深淵)。

為了要確保品質，我們慎選原料供應商，由他們負責跟農民契作，替稻米的品質把關，每批新收成的稻米，一定會附上檢驗報告，好讓我們安心使用，而我們以合理的價格購買，用來支持農民們採用更友善環境的方式耕種。也有許多自然農法的農民，將自種稻米交給我們製粉，再各自發揮巧思，結合當地的農產，做出各種不同的加工產品。如實於2018年開始生產有機系列的各式米穀粉，為環境保護再多貢獻一分心力。隨著加工稻米的數量越來越多，意味著被我們關照的稻田面積越來越大，心中的成就感實非筆墨所能形容。

米穀粉美味又容易上手，但因為米種及磨製的方式不同，應用的範圍差別很大，容易造成消費者混淆，進而影響料理的成敗。本書是集結身為業者的我對米穀粉的專業知

識，以及身為媽媽的我對米穀粉的使用心得，用簡化過的方法來詮釋，希望讓大家對米穀粉這種美味的新興食材能更加了解，書中羅列出做法簡單樸實的各類食譜，則希望能夠鼓勵大家多多下廚，為所愛的人做出一頓療癒身心的無麩質美食。書中選用的各種食材，以國產、有機、友善栽培的材料為主，希望像是好朋友Lisa Chen說的：「讓我們把台灣的美好，一口一口地吃回來。」

謝謝我的外婆和母親，我會永遠想念跟妳們一起下廚的美好時光。

謝謝我的丈夫、兩個女兒跟毛小孩們，你們的愛與支持是我最大的動力來源。

謝謝我的同事們，不但幫我照顧公司，還要辛苦地擔任試吃員。

謝謝瓊今，妳的神救援讓我在拍攝過程輕鬆許多。

謝謝我的股東們，我內心的感謝實非筆墨能形容。

最後要謝謝所有支持佳實米穀粉的客戶，大家一起來繼續守護台灣的美麗稻田。

To Dear Yukiko San, Thank you for teaching me a lot of knowledge about gluten free baking.

To Nishimura San, Thank you for supporting me and my business.

鍾憶明

【目錄】

002　**推薦序 以米穀粉打造健康、無添加的新飲食生活　宋鴻宜**
003　**推薦序 美味滿分的食材好幫手　蘇梅英**
004　**推薦序 誰道一本食譜書，竟是四代女兒情　朱美虹 / 賴青松**
005　**業界推薦**
006　**自序**

012　# 第一部 歡迎來到米穀粉的世界
014　## 第一課 什麼是米穀粉
021　## 第二課 食材嚴選

024　# 第二部 米穀粉的無麩質烘焙
026　## 第三課 挑戰高難度的米麵包
028　基礎米吐司(純素)
032　紅藜米吐司(純素)
035　起司米吐司(蛋奶素)

038　## 第四課 鬆香具飽足感的米司康
040　奶油葡萄乾米司康(蛋奶素)
044　青蔥培根米司康
047　薑黃芒果米司康(蛋奶素)

050　## 第五課 細緻溫潤的米蛋糕
052　反轉檸檬鳳梨蛋糕(蛋奶素)
056　反轉肉桂蘋果蛋糕(蛋奶素)
060　紅蘿蔔蛋糕(蛋奶素)
063　夏威夷豆布朗尼(蛋奶素)

066 **第六課 皮酥餡豐的塔與派**
068 菠菜蘑菇雞肉派
072 黑糖芭蕉核桃塔(蛋奶素)
075 腰果地瓜派(蛋奶素)

078 **第七課 酥鬆香脆的米餅乾**
080 巧克力椰子米餅乾(蛋奶素)
082 抹茶糙米雪球(蛋奶素)
084 桑葚糙米餅乾(蛋奶素)
086 黑米雪球(蛋奶素)
088 椰子香蕉米餅乾(純素)
090 糙米核桃酥(蛋奶素)

092 **第八課 千變萬化的米鬆餅**
094 起司培根米鬆餅
096 藍莓糙米鬆餅(蛋奶素)
098 巧克力糙米鯛魚燒(蛋奶素)
100 奶油蘋果磅蛋糕(蛋奶素)
102 百香果椰子奶酥小蛋糕(蛋奶素)
104 南瓜旦糕(純素)

106 **第九課 營養香氣足的黑米杯子蛋糕**
108 原味黑米杯子蛋糕(蛋奶素)
110 巧克力黑米杯子蛋糕(蛋奶素)
112 花生黑米杯子蛋糕(蛋奶素)
114 椰香黑米杯子蛋糕(蛋奶素)
116 紅豆牛奶杯子蛋糕(蛋奶素)
118 桂圓核桃杯子蛋糕(蛋奶素)
120 黑糖糕(純素)

122 **第三部 米穀粉的家常點心和料理課**

124 第十課 把米穀粉發揮到極致的中式傳統點心

在來米粉

125 肉燥碗粿
128 素食碗粿(純素)
131 花生甜水粄(純素)
134 客家菜頭粿
137 鮮嫩菜頭粿(純素)

糯米粉

140 芝麻酒釀湯圓(蛋奶素)
143 牛汶水(純素)
146 客家鹹湯圓
149 八寶甜年糕(純素)
152 紅豆甜年糕(純素)

蓬萊米粉

154 客家風味南瓜米糕
158 芋頭糕(純素)
161 寶島蕃薯米餅(蛋奶素)

164　第十一課 米穀粉讓台式家常料理變美味的秘訣

165　台式小里肌肉排

168　酥炸香料雞柳條

170　乾煎虱目魚片

172　香酥骰子豆腐(純素)

174　香燴豆皮(五辛素)

176　清炒米貓耳

180　青蔬米疙瘩

183　蔥香南瓜煎餅(五辛素)

186　塔香米煎餅(蛋奶素)

188　花生豆腐(純素)

192　第十二課 挑戰味蕾的異國料理

193　日式大阪燒

196　日式唐揚雞塊

199　印度咖哩雞腿排

202　家常可樂餅

206　韓式泡菜煎餅

210　馬鈴薯雞肉濃湯

214　櫻花蝦仁燒

218　峇里島沙嗲香料玉米餅

第一部
歡迎來到米穀粉的世界

014 第一課 什麼是米穀粉？

021 第二課 食材嚴選

第一課

什麼是米穀粉？

在台灣，按照中華民國國家標準規定，米穀粉泛指用稻米磨成的粉，包括生粉及熟粉，但原料品種與製粉方式的差異，會產生各種規格的米穀粉，進而影響其應用的範圍。而台灣因為歷史、人文跟地理條件非常特殊的關係，是少數粳、秈、糯三種稻米都有種植的國家，因此常常讓消費者覺得混淆不清，茲依照台灣現有概況，簡單說明如下：

● 依「生 / 熟粉」區分

✳ 熟粉

經過熟化和粉碎製程的穀粉類，在台灣多為沖泡即食的產品，市面上的嬰兒米（麥）精、米仔麩、各種沖泡式混合穀粉皆屬此類。也有少量的加工原料，例如糕仔（鳳片）粉，用來製成傳統糕點或和菓子。

✳ 生粉

由生米製成粉，多作為烘焙及料理的原料，製造商通常會在其前面加上米種以茲區別，例如蓬萊米米穀粉、在來米米穀粉等。但也有製造商將製程加在名稱的前方，當成特點宣傳，例如水磨蓬萊米粉、水磨在來米粉等。

● 依「稻米種類」區分

✳ 粳 / 粘（Japonica Rice）

就是俗稱的蓬萊米，米粒圓短、生米看起來有透明感。直鏈澱粉含量 15~20%，主要用於煮飯、煮粥、烘焙、韓國年糕……

✳ 秈（Indica Rice）

俗稱的在來米，米粒細長、生米看起來有透明感，直鏈澱粉含量 20~30%，適合做傳統粿食，例如：蘿蔔糕、碗粿、粄條、米苔目、河粉、米線……

✳️ 糯（Glutinous Rice / Sticky Rice）

一般分為長糯米和圓糯米，不論形狀、米粒整顆粉白不透明，長糯米的直鏈澱粉含量 10% 以下，圓糯米 5% 以下。長糯米一般做油飯、粽子、鹹味米食，圓糯米則是湯圓、麻糬、和菓子及各種傳統甜粿。

總之，直鏈澱粉含量越高，口感越硬，反之則越軟黏。

另外，台灣市面也常見其他稻米種類：

✳️ 紫米

指的是黑色長糯米，具有黏稠的口感，多用在直接煮食，如紫米粥，也有小農將紫糯米製成粉來應用在糕點上。

✳️ 紅米

指的是紅色外皮的圓糯糙米，多為加工用途，也有少量可直接煮食，如瑞岩香米。

✳️ 黑米

指的是黑色外皮的在來糙米，口感較紫米清爽，可直接煮食，用法等同紫米，或加工成黑米粉作為食品原料。

● 依「製粉方法」區分

※ 乾式研磨（DRY MILLING）

這是較為常見的製粉設備，製粉規模可從工業化每小時／噸來計算，至家用桌上小磨粉機每次／公克不等。一般直接將精白米直接粉碎成粉，透過作用力及時間的控制，來得到不同粒徑大小的粉末。乾式研磨時對澱粉顆粒會產生很大的壓力及溫度，故成品的澱粉損傷率較其他製程來得高，高澱粉損傷率的米穀粉吸水性強，澱粉顆粒會吸收大量的水分而變重，導致成品的膨發性較差，但其加工成本低，適合大量生產，故多作為加工用原料。

※ 水磨（WET MILLING）

傳統石磨、電動磨米磨豆機就屬於這一類。通常使用精白米為原料，經過清洗去除表面髒污、浸泡一夜，讓米粒軟化、加水磨成米漿後，用細孔的布袋收集，壓縮去除水分後再乾燥，方得成品。

水磨的製程與乾磨的原理接近，因為多了水當潤滑劑、幫助降溫，故澱粉損傷率較乾磨低。因澱粉會大量溶解在水中排出，所以得粉率遠較於其他兩種製程來得低。而且製造過程的用水量比其他的製程高，大量富含澱粉的廢水容易造成環境汙染，故汙水處理的問題更需要注意。

※ 濕式氣流粉碎（SUPER POWER MILL）

這種濕式氣流粉碎設備，是先將原料米清洗去除表面髒污，再浸泡一定時間讓米的表面軟化，瀝乾後靜置讓水份均勻滲透至米芯，利用粉碎機內部的軌道使米粒高速旋轉碰撞粉碎、而後用熱風氣流將米穀粉引出乾燥，再收集粉末而成。

濕式氣流粉碎能夠完整保留原料米的色澤與香氣，故在糙米或有色米的加工上，有非常大的優勢，可提供消費者更多元更有營養的選擇。

採用濕式氣流粉碎法製成的米穀粉顆粒細緻又平均，成品穩定度高，澱粉損傷率為上述三種製粉方法中最低，容易應用在料理或烘焙上，但因製程前處理步驟多，生產速度慢，加工成本高，成品價格較昂貴是其缺點。

● 不同製粉方法，其表現差異

乾式研磨和水磨的製粉法較少用於糙米粉或有色米穀粉的製造，故在此以蓬萊白米米穀粉的性質做比較：

製粉方法	粒徑	澱粉損傷率	吸水性	得粉率
乾式研磨	大	25%以上	高	高
水磨	小	5%~15%	中	中
濕式氣流粉碎	細	低於5%	低	高

乾式研磨與濕磨的米穀粉粒徑大小會隨著機型不同而有極大差別，故只按照台灣目前市面上有販售的現況來比較。澱粉損傷率越高，表示有越多澱粉細胞破損，吸水性就越強，但仍有其他因素會影響吸水性。而我認為米穀粉適用產品種類的主要判別關鍵是稻米種類與澱粉損傷率。

圖上的三種米穀粉的原料皆為蓬萊白米，製粉方式自左而右分別是：濕式氣流粉碎、水磨和乾式研磨，加入同樣水量後，表現差異頗大。

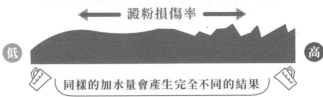

← 澱粉損傷率 →

低　　　　　高

同樣的加水量會產生完全不同的結果

以水粉比 1:1 的比例調和後，三種米穀粉表現出截然不同的結果。濕式氣流粉碎的米穀粉已變成微稠的米漿，而乾式研磨的米穀粉仍是結糰拌不開的狀態。

米穀粉特性與適合的產品

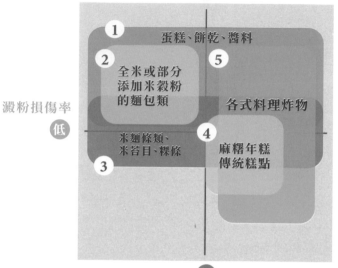

粒徑 **細**

① 蛋糕、餅乾、醬料

② 全米或部分添加米穀粉的麵包類

⑤

各式料理炸物

澱粉損傷率 **低**　　　　　　　　　澱粉損傷率 **高**

米麵條類、米苔目、粿條

④ 麻糬年糕傳統糕點

③

粒徑 **粗**

① 蛋糕、餅乾、醬料

② 全米或部分添加米穀粉的麵包類

③ 米麵條類、米苔目、粿條

④ 麻糬年糕傳統糕點

⑤ 各式料理、炸物

各種米穀粉食品與吸水量、直鏈澱粉值影響因素關係

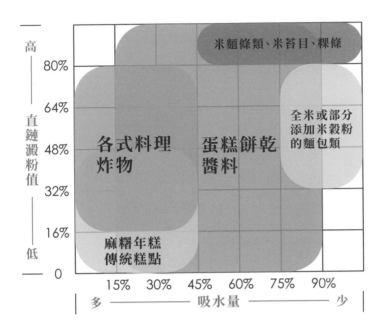

● 米穀粉可以做出各式各樣的食品

產品	食品特色、配方	配方比例
天婦羅	可降低油的吸收、會有酥脆的外皮	100%
炸雞肉	可將米穀粉加上蛋直接裹上雞肉油炸、香脆多汁	100%
奶油湯底	500g 牛奶 /40g 米穀粉 /10g 奶油一起煮滾，就成湯底	100%
勾芡	直接以米穀粉勾芡	100%
白醬	把配方裡的麵粉改成米穀粉即可	100%
大阪燒	使用米穀粉、高麗菜、蛋、山藥、蔥等	100%
可樂餅	米穀粉可以讓蛋液平均的包裹在外層	100%
餅乾	米穀粉的用法與麵粉相同，有時要調整油量	100%
泡芙	米穀粉可以用在外皮和內餡	100%
冰淇淋	可使用米穀粉增加濃稠度和增加香味	100%
蛋糕捲	能做出更綿密濕潤的蛋糕捲	100%
米麵類	高直鏈澱粉值的米更適合米麵類加工	70-100%

● 以米穀粉取代麵粉，輕鬆過無麩質美味生活

近年來對麩質（GLUTEN，小麥蛋白）有敏感體質的人數逐年上升，優質的無麩質替代品是必須的，使用台灣國產的稻米製成的米穀粉是很好的選擇。地產地銷的國產米穀粉符合綠色永續的消費概念。風味柔和容易搭配其他食材，清淡好消化又容易控制份量的米穀粉，最適合自古以稻米為主食的地區，不分老少都能食用。

各種米穀粉中，又以濕式氣流粉碎的米穀粉最容易上手，特別是難度最高的烘焙，大致可以遵循這些替換原則：

1 米穀粉本身甜味較明顯，故糖量要減少，以避免成品太甜，可從減低10~20%開始調整。

2 低澱粉損傷率的米穀粉吸油量低，故油脂量要減少，以免浮油的情況發生，可從減低10~20%開始調整。但若減少後材料偏乾，可酌加液狀材料調整濕度。

3 低澱粉損傷率的米穀粉與其他材料的融合速度較慢，所以油酥類的產品如餅乾或派皮，建議混合好後用加蓋的方式冷藏1~2小時再使用，風味會更好。

4 米穀粉成品外皮易產生酥脆的口感，很適合用在要求口感外脆內軟的食譜。

5 因為無添加的米穀粉產品容易變乾變硬（老化），保存上用（密封+冷凍/常溫）的方式最好，冷藏易將食物脫水，較不建議使用。

6 米穀粉用在勾芡或濃湯類的產品就算冷卻也不會變稀，但芡汁的外觀會是白霧狀、不透明的。

7 米穀粉產品具有優良的抗凍性，冷凍再解凍後也能保持良好的口感。

8 米穀粉不具備筋性，用力攪拌也不會出筋，故可烘焙時可省略（鬆弛）的步驟。

第二課

食材嚴選

本書食譜裡的食材以國產材料為優先，絕大部份都是市面上容易購買的品項，讀者可以隨自己的喜好購買。但有些食材較不常見或不熟悉，故以此篇幅簡單介紹，以供參考。

國產紅藜
國產紅藜為台灣原生種作物，是低食物哩程的選擇，具有香味特殊、風味獨特、營養豐富的特點。

熟米粉
也就是日本人說的「α化米穀粉」（圖左），台灣目前沒有生產同日本規格的 α 化米穀粉，我在市面上找了無添加的有機嬰兒米精（圖右）來取代，效果也非常棒。

有機 / 芋香 白米粉
以國產蓬萊白米為原料，可用在烘焙或料理上。

有機 / 芋香 糙米粉
以國產蓬萊糙米為原料，可用在烘焙或料理上。

有機 / 一般 圓糯米粉
以國產圓糯米為原料，多用在傳統中式甜點的製作，例如年糕、湯圓。

有機 / 一般 在來米粉
以國產在來米為原料，多用在傳統中式糕點的製作。

糙米鬆餅預拌粉
以國產蓬萊糙米及無鋁泡打粉為原料，可用在烘焙或料理上。

黑米杯子蛋糕預拌粉
以國產蓬萊糙米、國產黑秈米及無鋁泡打粉為原料，可用在烘焙或料理上。

黑米米穀粉

以國產黑秈米為原料，味道濃郁，保濕性佳，用在烘焙或料理上都很出色。

經典十三香料粉

以十五種中藥香料調製，味道芳香有深度，適合醃漬肉類或紅燒。

有機椰糖

以印尼的有機椰子花蜜為原料，具有特殊香氣，是低 GI 值的天然糖類，在這裡都可以替代黑糖使用。

無麩質酵母

不論是法國的燕子牌酵母或日本的白神酵母，可隨喜好使用，風味各有千秋。

有機椰漿

不含乳化劑，味道芳香，各大通路及有機店均有販售，可選擇容易取得的品牌購買。

沙嗲調味粉

是沙嗲的基本香料，天然無添加、亦不含麩質，也可以當醃料。

第二部
米穀粉的無麩質烘焙課

026 第三課 挑戰高難度的米麵包
028 基礎米吐司
032 紅藜米吐司
035 起司米吐司

038 第四課 鬆香具飽足感的米司康
040 奶油葡萄乾米司康
044 青蔥培根米司康
047 薑黃芒果米司康

050 第五課 細緻溫潤的米蛋糕
052 反轉檸檬鳳梨蛋糕
056 反轉肉桂蘋果蛋糕
060 紅蘿蔔蛋糕
063 夏威夷豆布朗尼

066 第六課 皮酥餡豐的塔與派
068 菠菜蘑菇雞肉派
072 黑糖芭蕉核桃塔
075 腰果地瓜派

078 第七課 酥鬆香脆的米餅乾
080 巧克力椰子米餅乾
082 抹茶糙米雪球
084 桑葚糙米餅乾
086 黑米雪球
088 椰子香蕉米餅乾
090 糙米核桃酥

092 第八課 千變萬化的米鬆餅

094 起司培根米鬆餅

096 藍莓糙米鬆餅

098 巧克力糙米鯛魚燒

100 奶油蘋果磅蛋糕

102 百香果椰子奶酥小蛋糕

104 南瓜旦糕

106 第九課 營養香氣足的黑米杯子蛋糕

108 原味黑米杯子蛋糕

110 巧克力黑米杯子蛋糕

112 花生黑米杯子蛋糕

114 椰香黑米杯子蛋糕

116 紅豆牛奶杯子蛋糕

118 桂圓核桃杯子蛋糕

120 黑糖糕

第三課

挑戰高難度的
米麵包

用米穀粉作烘焙，最難做到的是需要延展塑形的品項，米麵包絕對是最難的一種，如果要不添加修飾澱粉、膠體、泡打粉等材料，更是難上加難。從白米製粉時的條件控制、選用的酵母種類、發酵程度的控制、到烘烤條件的設定……每一個環節都不能出錯。

我從中島由起子老師那裡學到米吐司的做法快兩年了，也常常做給家人吃，但仍然會失敗，即使到現在，我還是不敢說自己把米吐司做得很好。

米麵包大概有幾種做法：

1. 米麥混合。用一部分米穀粉取代配方裡的麵粉，用以改變麵包的口感，添加的比例沒有一定，完全隨操作者的喜好而定。

2. 純米穀粉加小麥蛋白。厲害的烘焙師可以把米麵包的外觀和口感做得跟一般小麥麵包一樣，配方中小麥蛋白添加的比例通常會達 18% 以上，甚至高過麵粉的小麥蛋白含量。

3. 純米穀粉。製作的難度最高，米穀粉澱粉損傷率必須要低於 5%，以濕式氣流粉碎的米穀粉最適合。純米麵包配方若不添加膠體或他種澱粉，操作的難度非常高，成品口感跟小麥麵包會很不一樣。試想如果用麵粉做湯圓，口感一定跟用圓糯米做的不同，這是一樣的道理。

這裡要特別介紹「熟米粉」，也就是日本人說的「α化米穀粉」，「α化」指的是「預糊化」，已預糊化的米穀粉可以增加米穀粉跟水分的結合力，讓烤出來的米麵包更濕潤，表面不易有裂紋。過去還沒有熟米粉時，要用一部分的米穀粉加水煮成米糊，但這樣很難精確控制煮熟的程度跟米糊的含水量。台灣目前沒有生產同日本規格的 α化米穀粉，所以我在市面上找了無添加的有機嬰兒米精來取代，效果也非常棒。

基礎米吐司

份量：1條／模型尺寸：21.5cm X 7.5cm X 6cm

純素

材料

白米米穀粉　142~143g
砂糖　12g
食鹽　2g
速發酵母　1.5g

熟米粉 7~8g
40℃的溫水 145~150g
玄米油 15g

作法

1

以160℃預熱烤箱。
烤模鋪上烘焙紙。

2

取一個大碗，放入白米米穀粉、熟米粉、糖、鹽、速發酵母，攪拌均勻。

續加入溫水、玄米油，仔細攪拌5分鐘，這個步驟可以增加米吐司的口感。

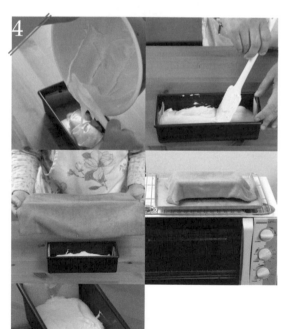

把攪拌好的米糊倒進鋪好烤盤紙的模子裡，用濕布蓋起來，放在溫度約40-50℃的地方，發酵10~15分鐘，此時米糊只有膨脹10~20%的高度，表面會產生些許細微的氣泡即可。

用另一個烤盤倒蓋在模型上，要能緊貼為佳，或是以鋁箔紙包覆亦可，並以下列方式烘烤：

160℃，12分鐘（定型）→190℃，10分鐘（熟成）→移除烤盤→200℃，12分鐘（上色）。

將吐司留在模子裡，蓋上乾淨的布巾，每10分鐘取出吐司，將其底部及模型擦乾再放回，直至吐司降至室溫，再用保鮮盒盛裝保存。

Tips
▼

1. 熟米粉可用無添加的有機嬰兒米精替代。
2. 如果擔心烤盤倒蓋蓋不緊，可以改用錫箔紙包覆。
3. 發酵過頭的米麵包會很難吃，一定要常常檢查，避免發過頭了。
4. 保存方法以冷凍較佳。

紅藜米吐司

份量：1條／尺寸：21.5cm X 7.5cm X 6cm

材料

白米米穀粉　142~143g
砂糖　12g
食鹽　2g
速發酵母　1.5g
熟米粉 7~8g
40℃的溫水 150g

玄米油 15g
脫殼紅藜 20g，或無
脫殼紅藜 10g

作法

以160℃預熱烤
箱。烤模鋪上烘
焙紙。

紅藜洗乾淨，放入
等量的水，水開後
煮5分鐘，熄火瀝乾
多餘水分，用紙巾
擦乾待用。

取一個大碗，放入白米米穀
粉、熟米粉、糖、鹽、速發酵母，攪拌均勻。

續加入溫水、玄米
油、大部分的紅藜，
仔細攪拌5分鐘，這
個步驟可以增加米吐
司的口感。

把攪拌好的米糊倒進鋪好烤盤紙的模子裡，用濕布蓋起來，放在溫度約40-50℃的地方，發酵10~15分鐘，此時米糊只有膨脹10~20%的高度，表面會產生些許細微的氣泡。

將剛剛剩下的少許紅藜撒在表面當裝飾。

用另一個烤盤倒蓋在模型上，要能緊貼模型為佳，以下列方式烘烤：

160℃，12分鐘（定型）→ 190℃，10分鐘（熟成）→移除烤盤→200℃，12分鐘（上色）。

將吐司留在模子裡，蓋上乾淨的布巾，每10分鐘取出吐司，將其底部及模型擦乾再放回，直至吐司降至室溫，再用保鮮盒盛裝保存。

Tips
▼

1. 熟米粉可用無添加的有機嬰兒米精替代。
2. 如果擔心烤盤倒蓋蓋不緊，可以改用錫箔紙包覆。
3. 發酵過頭的米麵包會很難吃，一定要常常檢查，避免發過頭了。
4. 保存方法以冷凍較佳。

份量：1條／尺寸：21.5cm X 7.5cm X 6cm

奶蛋素

材料

白米米穀粉　142~143g
砂糖　12g
食鹽　2g
速發酵母　1.5g
熟米粉　7~8g
40℃的溫水 150g

玄米油 10g
帕梅善起司粉（Parmesan
Cheese）20g
披薩起司 30g
黑胡椒粉 少許

作法

1 ／以160℃預熱烤箱。

取一個大碗，放入白米米穀粉、熟米粉、糖、
鹽、速發酵母，攪拌均勻。

續加入溫水、玄米油、帕梅善起司粉，仔細攪拌5分鐘，這個步驟可以增加米
吐司的口感。

把攪拌好的米糊倒進鋪好烤盤紙的模子裡，用濕布蓋起來，放在溫度約40-50℃的地方，發酵10~15分鐘，此時米糊只有膨脹10~20%的高度，表面會產生些許細微的氣泡。

用另一個烤盤倒蓋在模型上，要能緊貼模型為佳，以下列方式烘烤：
160℃，12分鐘（定型）→ 190℃，10分鐘（熟成）→移除烤盤→撒上披薩起司→ 200℃， 12分鐘（上色）

出爐後再撒上少量黑胡椒粉。

將吐司留在模子裡，蓋上乾淨的布巾，每10分鐘取出吐司，將其底部及模型擦乾再放回，直至吐司降至室溫，再用保鮮盒盛裝保存。

Tips

1. 熟米粉可用無添加的有機嬰兒米精替代。
2. 如果擔心烤盤倒蓋蓋不緊，可以改用錫箔紙包覆。
3. 發酵過頭的米麵包會很難吃，一定要常常檢查，避免發過頭了。
4. 保存方法以冷凍較佳。

第四課

鬆香具飽足感的
米司康

我從來沒學過烘焙，因為對麩質敏感，也無法在外上烘焙課，只能在家自修加上練習，想辦法把食譜改成適合米穀粉的特性。「不萊嗯老師」的網站是我學習烘焙管道之一，他的青蔥培根司康令我想到以前最喜歡的「蔥花鹹胖」，所以興沖沖地開始試做米司康，卻發現要做得漂亮又好吃難度很高，自此開啟了我的司康地獄修業道路。

用傳統麵粉作司康，會有高高帶有腰帶般裂痕的外表，那是因為有麵粉裡的小麥蛋白支撐內部組織的關係，但米穀粉無法做到這一點。形狀做得小一點會長得比較高，但內部口感會變乾；形狀做得大一點雖然比較濕潤好吃，但就沒辦法長得太高。我後來決定從改善口感下手，又嘗試了很多種材料，才決定做出這樣的配方，期間大概花了兩個月的時間，嘗試了約一、二十次，讓我有好一陣子不想再碰司康，所以目前只有三種口味，希望以後能再想出不一樣的台灣口味司康。

奶油葡萄乾
米司康

份量：7個／尺寸：5.5公分

奶蛋素

材料

白米/糙米米穀粉 170g
樹薯粉 20g
熟米粉 10g
砂糖 20g
鹽 1.5g
無鋁泡打粉 10g

發酵奶油 50g
雞蛋 1顆
無糖優格 50g
葡萄乾 50g
牛奶 30g

作法

1 先將葡萄乾泡在牛奶裡10分鐘。

2 烤箱預熱180℃。

3 樹薯粉顆粒較不均勻，需先過篩。

4 將糙米粉、樹薯粉、熟米粉、砂糖、鹽、無鋁泡打粉混合均勻。

將冰涼的奶油切小丁，倒在裝有作法4的盆中，用手指快速地搓成片狀，直到所有粉類呈現濕沙狀。

續加入一顆打散的雞蛋、優格，混合均勻。

將泡過牛奶的葡萄乾撈起，加入作法6，牛奶留下備用。

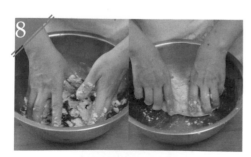

輕柔地混合所有材料，會形成一個有點黏手的濕米糰，太乾就加點剛剛泡過葡萄乾的牛奶。

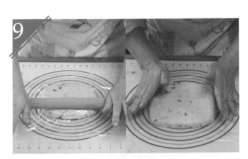

拿出作法8的米糰，放在加了矽膠墊或灑一層薄粉的桌上，用擀麵棍整形成一個1.5cm厚的方形。

用直徑5.5cm的模型沾粉，切出圓形司康的形狀，大約能做7個。

刷上剛剛剩下的牛奶，放入烤箱，以180℃烤約20分鐘，至表面金黃色為止。

Tips
▼

如果改刷蛋液，成品顏色會比刷牛奶來得深，裂紋也變少。

青蔥培根
米司康

份量：9個／尺寸：3*3cm

材料

培根 3片
青蔥 3支
白米/糙米米穀粉 170g
樹薯粉 20g
熟米粉 10g
無鋁泡打粉 10g

糖 10g
鹽 1.5g
粗粒黑胡椒粉 適量
培根油+橄欖油 50g
雞蛋 1顆
無糖優格50g

作法

烤箱以180℃預熱。

青蔥洗淨切成蔥花、樹薯粉過篩備用。

培根切成1公分寬的小片，用平底鍋小火煎香並逼出多餘油脂，煎好的培根取出備用。

將培根油加橄欖
油（不在材料表
上）至50g備用。

將糙米粉、樹薯粉、熟米粉、糖、鹽、
無鋁泡打粉、黑胡椒粉混合均勻。

加上打散的雞蛋、優
格、油脂，混合均勻，
再加入培根、青蔥，混
合成團，整形成1.5cm
厚的四方形米糰。

切成3 X 3公分見方的方塊，刷上牛奶，用180℃烤20分鐘或呈現金黃色為止。

Tips

如果改刷蛋液，成品顏色比刷牛奶來得深，裂紋也變少。

薑黃芒果司康

份量：8個三角形

奶蛋素

材料

白米/糙米米穀粉 170g
樹薯粉 20g
熟米粉 10g
砂糖 20g
鹽 1.5g
薑黃粉 2g

無鋁泡打粉 10g
發酵奶油 50g
雞蛋 1顆
無糖優格 50g
無調味台灣芒果乾 50g
牛奶 50g

作法

1 先將芒果乾剪成葡萄乾大小的丁狀，泡在牛奶裡10分鐘。

2 烤箱以180℃預熱。

3

樹薯粉顆粒較不均勻，需先過篩。

4

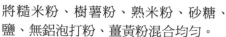
將糙米粉、樹薯粉、熟米粉、砂糖、鹽、無鋁泡打粉、薑黃粉混合均勻。

5 將冰涼的奶油切小丁，倒在裝有作法4的盆中，用手指快速地搓成片狀，直到所有粉類呈現濕沙狀。

續加入1顆打散的雞蛋及優格,混合均勻。

將泡過牛奶的芒果乾撈起,加入作法6,牛奶留下備用。

輕柔地混合所有材料,會形成一個有點黏手的濕米糰,太乾就加點剛剛泡過芒果乾的牛奶。

拿出作法8的濕米糰,放在加了矽膠墊或灑一層薄粉的桌上,整形成一個1.5cm厚的正方形。

用小刀先將米糰劃十字切成四等分,再從對角線切一刀,變成三角形司康的形狀,一共能做八個。

刷上剛剛剩下的牛奶,放入烤箱,以180℃烤約20分鐘,至表面金黃色為止。

Tips
▼
如果改刷蛋液,成品顏色比刷牛奶來得深,裂紋也變少。

第五課

細緻溫潤的
米蛋糕

用米穀粉做蛋糕算是米烘焙的入門款，米穀粉沒有筋性，攪拌的時候不用小心翼翼地怕出筋，反而得注意因為開心地攪拌而過度消泡，烤出扁塌且硬邦邦的蛋糕。

米穀粉做的蛋糕風味細緻，味道溫潤，密封好冷藏放置2到3天，會更濕潤美味。不過根據我的經驗，米蛋糕在我家很難放超過兩天就是了，通常會很快地被家人跟毛小孩解決完畢。

基本上，原本所有使用中筋或低筋麵粉的蛋糕配方，都能無縫接軌地改成米穀粉。我的建議是，要求風味細緻的蛋糕就用白米粉，像戚風蛋糕或海綿蛋糕；風味厚重紮實的蛋糕就可以改用糙米粉，味道更香，營養成分也更多，像磅蛋糕或杯子蛋糕。第一次做的配方，可以只把麵粉改成米穀粉，先試試口味，下次就知道要調整哪些地方了。

反轉檸檬
鳳梨蛋糕

份量：1個／尺寸：8吋

材料

糖漬鳳梨片

新鮮鳳梨片（1公分厚，
一切二）300g
黑糖 50g　水 20g
奶油 30g
檸檬皮（可省略）少許

鳳梨醬

鳳梨切細丁 200g
砂糖 50g
水 30g
檸檬皮（可省略）少許

蛋糕體

中型雞蛋 3顆
細砂糖 70g
白米米穀粉 100g
植物油 60g
鳳梨醬 75g

作法

糖漬鳳梨片

1

將鳳梨片、黑糖、水
一起放入鍋中煮開，
小火煮到糖汁收至八
分乾。

2

加入奶油、檸檬皮，
拌勻熄火即可。

鳳梨醬

將鳳梨丁、黑砂糖、水一起放入鍋中煮開，小火煮到糖汁收至八分乾。

加入檸檬皮，拌勻熄火即可。

做好可裝罐冷藏，需要時取用，可儲存兩週。

蛋糕

烤箱以170℃預熱。

將雞蛋泡在50℃的溫水中5分鐘。

將煮好放涼的鳳梨片以喜歡的方式鋪在模型底部備用，並用糖汁補滿鳳梨之間的間隙。

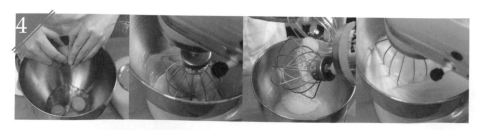

將雞蛋用打蛋器打發，開始出現大氣泡後將細砂糖分2~3次加入。

打至蛋糕能在表面畫出八字形不消失。

分4~5次加入米穀粉，用刮刀輕輕拌勻。

取出1/3的作法6，跟植物油和鳳梨醬拌勻後，再倒回作法6中輕輕拌勻。

入模，小心不要破壞鳳梨鋪面的位置，用筷子或叉子插入蛋糕糊中劃幾下，破壞大氣泡。

以170℃烤30分鐘，直至蛋糕熟透，表面金黃為止。

將蛋糕放涼後，再脫模倒出，讓有鳳梨片的那面朝上即可。

表面可用少許檸檬皮做裝飾。

反轉肉桂
蘋果蛋糕

份量：1個／尺寸：8吋

奶蛋素

材料

糖漬蘋果片

中型蘋果2顆，去皮去籽
後約300g
黑糖 50g
水 20g
奶油 30g
肉桂粉（可省略）少許

蘋果醬

蘋果切細丁 200g
砂糖 50g
水 30g
肉桂粉（可省略）少許

蛋糕體

中型雞蛋 3顆
細砂糖 70g
白米米穀粉 100g
植物油 60g
蘋果醬 75g

作法

糖漬蘋果片

將蘋果片、黑糖、水
一起放入鍋中煮開，
小火煮到糖汁收至八
分乾。

加入奶油、肉桂粉，
拌勻熄火即可。

蘋果醬

將蘋果丁、砂糖、水一
起放入鍋中煮開，小火
煮到糖汁收至八分乾。

加入肉桂粉，拌勻熄火
即可。

做好可裝罐冷藏，需
要時取用，可儲存兩
周。

蛋糕

將雞蛋泡在50℃的
溫水中5分鐘。

將煮好放涼的蘋果片以喜歡的方式鋪在
模型底部備用，並用糖汁填滿縫隙。

烤箱以170℃預
熱。

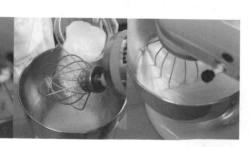

將雞蛋用打蛋器打發，開始出現大氣泡後將細砂糖分2~3次加入。

打至蛋糊能在表面畫出八字形不消失。

分4~5次加入米穀粉，輕輕拌勻。

取出1/3的作法6，跟植物油和蘋果醬拌勻後，再倒回作法6中輕輕拌勻。

入模，小心不要破壞蘋果鋪面的位置，用筷子插入蛋糕糊中劃幾下，破壞大氣泡。

將蛋糕放涼後，再脫模倒出，讓有蘋果片的那面朝上即可。

以170℃烤30分鐘，直至蛋糕熟透，表面金黃為止。

表面可撒上少許肉桂粉作為裝飾。

紅蘿蔔
核桃蛋糕

份量：1條／尺寸：21.5cm X 7.5cm X 6cm

奶蛋素

材料

紅蘿蔔（去皮去頭尾）120g
鳳梨60g
白米/糙米米穀粉 90g
杏仁粉 20g
無鋁泡打粉 3g
烘焙用小蘇打 1.5g

鹽 1.5 g
肉桂粉 2 g
蛋（室溫）2顆
玄米油 120g
黑糖 90g
碎核桃 60g

作法

烤模鋪上烘焙紙。

用粗孔徑刨刀將紅蘿蔔刨成絲，紅蘿蔔絲比較有口感。

鳳梨果肉切成細丁。

將米穀粉、杏仁粉、泡打粉、小蘇打粉、鹽、肉桂粉混合備用。

雞蛋攪勻成蛋液備用。

烤箱以190℃預熱。

將玄米油及黑糖拌勻。

將蛋汁分成四到五次加入，每次都要拌勻後才能再加蛋液。

將混合好的粉料分次加入，每次都要拌勻至無粉粒。

加入鳳梨細丁和紅蘿蔔絲，仔細拌勻。

最後加入碎核桃拌勻。

用190℃烤40~50分鐘，至蛋糕熟透為止。

出爐後放在烤架上約一小時後再脫模。

夏威夷豆
布朗尼

份量：1個／尺寸：20cm X 20cm

材料

72%苦甜巧克力 150g
無鹽奶油 100g
砂糖 120g
可可粉 15g
室溫雞蛋 3顆
牛奶 2大匙

鹽 1小撮
糙米/白米米穀粉 100g
夏威夷豆 50g
碎核桃 50g

作法

 烤箱以170℃預熱。

 20 X 20cm的烤模鋪好
烘焙紙備用。

巧克力和奶油放在攪拌盆裡隔水加熱，
盆底不要接觸下方的熱水，奶油和巧克
力融化至剩少數時，停止加熱，攪拌至
完全融解為止。

拌入砂糖與可可粉，攪拌均勻。

室溫雞蛋一次加入一顆，要充分攪拌均勻後才能加入下一顆。

分次加入牛奶拌勻。

鹽和米穀粉一起加入拌勻。

加入堅果拌勻。

均勻鋪在模型裡，烤18-20分鐘。

烤至九分熟，布朗尼表面發亮，竹籤上仍然沾有少許米糊即可。

連烘焙紙一起移到架子上放涼至微溫，再切成16塊。

第六課

皮酥餡豐的
塔與派

菠菜蘑菇雞肉派

鹹派內餡豐富多變化，只要是冰箱裡的食材，搭配得上的都可以放一些。它是周末早午餐的好選擇，可以早上現烤現吃，也可以事先準備好再度加熱上桌，配上蔬菜溫沙拉，就是營養美味的一餐。

派皮預先烤熟後再刷上一層薄薄蛋液是為了隔開內餡中的水分，好讓派皮保持酥脆，只要是烤餡料水分多的派都可以用這種方法。如果內餡用不到雞蛋，改刷融化的奶油也可以，香味會更濃郁。

份量：1個／尺寸：8吋

材料

派皮

白米/糙米米穀粉 150g　　無鹽奶油 65g
杏仁粉 30g　　　　　　雞蛋 1個
鹽 一小撮

內餡

菠菜 120g　　　　　雞蛋 3個
洋蔥 1/2 顆　　　　牛奶 50g
蘑菇 90g　　　　　黑胡椒粉 適量
雞胸肉 150g　　　　鹽 適量

作法

烤箱以180℃預熱。

先將粉類混合放在攪拌盆中。

無鹽奶油先切成黃豆大小，再放在盆子裡跟粉類邊捏開、邊混合，直到粉類呈現濕濕的沙子狀為止。

倒入打散的雞蛋，慢慢混合，直到整個材料成團。

桌上鋪一張烘焙紙，將米糰放在中間，上面再蓋另一張烘焙紙，慢慢地擀開到可以蓋滿派盤的大小。

將派皮移到派盤中，調整形狀，並在底部用叉子戳幾排透氣孔。

蓋上一張烘焙紙，再用烘焙石壓住（可用生白米代替），以180℃烤15分鐘後，移出烤箱，並移開上面的覆蓋物，放涼備用。

菠菜洗淨，整棵川燙後，用冷水漂涼、擠乾，再切成1cm的小段。洋蔥切末，蘑菇一切四，雞胸肉切成一口大小，依序下鍋炒熟，放涼備用。

先取出一個蛋黃，打散後刷在已冷卻的派皮上。

剩下的蛋跟牛奶打散，加入菠菜、洋蔥雞肉蘑菇，混合均勻，用黑胡椒和鹽調味。

將準備好的內餡舀在派皮上。

灑上一點披薩起司(可省略)。

用180℃烤40分鐘至內餡熟透為止。

**黑糖
芭蕉核桃塔**

多年前曾向一位南非來的大廚學過烹飪，是他教我做了這道香蕉塔，當時我對烘焙一無所知，總覺得烘焙就該像電視上演的，像個儀式又像個表演，老老實實地將器具材料一字排開，精準地秤好所需份量，一切得按部就班進行。但課堂上老師是用隨興的阿嬤手法做出好吃的香蕉派，真是令我受到很大的衝擊。讓我思考烹調應該是一件靈活又愉悅的樂事，如果擔心失敗而害怕嘗試，實在是太可惜了，無論結果如何，勇敢地去做就對了。

份量：1個／尺寸：8吋

奶蛋素

材料

塔皮

無鹽奶油 100g （室溫軟化）　蛋黃 1顆
砂糖 70g　　　　　　　　　糙米米穀粉 180g
鹽 少許

內餡

芭蕉 手指大小20條 （可用香　肉桂粉 適量（可省略）
蕉中型8~10條）　　　　　　1/8核桃 一把
黑糖 兩大匙 （可改二砂糖）

作法

1

烤箱以180℃預熱。

先做塔皮，依序拌入塔皮的材料，混合成一個柔軟的米糰，如果太硬，可以加一點牛奶或水調整。

把塔皮材料用手平均攤開在8吋派模上，厚度要平均，塔皮厚度約為0.3-0.5公分。

把芭蕉（香蕉）切成0.5公分的厚度，按照喜歡的方式排列在塔皮上。

用180℃烤35-40分，直到塔皮邊緣微微內縮呈金黃色、芭蕉表面產生果膠為止。

表面均勻地撒上黑糖、肉桂粉、碎核桃。

如黑糖融化的情況不理想，可以在表面噴一點水幫助融解。

Tips
▼
用芭蕉做的內餡口感較 Q，香蕉內餡則比較軟糯。

腰果地瓜派

腰果是我最喜歡的堅果之一，小時候吃辦桌最愛總鋪師炸的蜜汁腰果，絕對是頭道冷盤的劃線重點，但每次的都只有小小的一碗，不免令人夢想著如果能有一大盤該有多美妙！

在這裡用的是低溫烘乾的原味腰果，配上香香甜甜的地瓜泥，每一口都吃得到軟軟的地瓜泥和脆脆的腰果，兩者的口感相輔相成，很速配。如果喜歡吃芋頭，可以把地瓜改成芋頭，省略肉桂粉，味道也很棒。

份量：1個／尺寸：8吋

材料

派皮

發酵奶油 100g   蛋液 25g

砂糖 25g   白米/糙米米穀粉 180g

鹽 一小撮

地瓜餡

地瓜 500g   鹽 一小撮

發酵奶油 50g   肉桂粉 少許

黑糖 30g

作法

先將糖、鹽、米穀粉混合均勻，再將奶油放至室溫軟化，依序拌入奶油和蛋液直至成米糰。

3 將上方的烘焙紙移開，派盤倒放在餅皮上，再整個翻過來，撕去原本在下方的烘焙紙。

桌上鋪一張大於派盤五公分的烘焙紙，將米糰放在中間，再蓋上一張烘焙紙，用擀麵棍擀壓成2-3mm的薄片，尺寸要能覆蓋派盤及其邊緣。

用手整形，使材料與派盤貼合，裁去多餘的邊緣，並用叉子戳一些透氣孔，放入冰箱冷藏30分鐘備用。

地瓜去皮切2公分大小的塊狀，蒸熟。

7 烤箱以180℃預熱。

趁熱加入發酵奶油、黑糖、鹽、肉桂粉攪拌均勻，餡料需呈濃稠美乃滋狀，可加少許牛奶或豆漿調整，再放涼備用。

將已放涼的地瓜餡料均勻地鋪在餅皮上。

依喜好排上生腰果。進烤箱烤40~50分鐘，至地瓜香氣飄出，餅皮邊緣呈現金黃色為止。

第七課

酥鬆香脆的
米餅乾

餅乾的要求多為酥鬆香脆，米穀粉可以輕輕鬆鬆地達標。而且用米穀粉烤餅乾有個最大的好處，就是用油量一定要比麵粉更少，第一次用的配方可以從減量 20% 開始試做，老話一句，先試試看，若不夠好，下次再調整。

濕式氣流粉碎的米穀粉澱粉損傷率很低，所以吸收材料的速度比較慢，尤其是在只有油和糖的餅乾配方上非常明顯。通常我會把餅乾材料混合好，密封後放置冰箱冷藏 1~2 小時，拿出來之後再塑形烘烤，或是烤好之後放涼，用玻璃罐裝起來，兩三天後再品嚐，風味會更溫和好吃。不過叫小孩看著餅乾卻不給吃，好像有點困難！

米餅乾也是米烘焙當中成功率非常高的品項，尤其適合帶著小小孩一起做，樂趣無窮，祝大家玩得開心。

巧克力椰子
米餅乾

材料

白米/糙米 米穀粉 400g
鹽 5g
烘焙用小蘇打 5g
融化的奶油 140g
黑糖 225g
蛋 2顆

椰絲 50g
72%苦甜巧克力切塊100g

作法

1 米穀粉、鹽、小蘇打先混合備用。

2 融化的奶油先跟黑糖混合，再將蛋加入拌勻，一次加入一顆，拌勻後再加入另一顆。

3 將粉類分2-3次加入蛋油糊。

4 巧克力隨意切碎，混入材料中。

5 將拌好的餅乾糰蓋好冷藏1-2小時。

6 將餅乾團分成約一大匙的份量，揉圓分開排在烤盤上，用190℃烤12-15分鐘。

> Tips
>
> 烘焙用的巧克力豆多含有氫化植物油，不建議使用。

抹茶
糙米雪球

奶蛋素

材料

發酵奶油 140g
糖粉 60g
杏仁粉 80g
糙米米穀粉 140g
日本抹茶粉 5g

作法

將奶油放至室溫軟化，用打蛋器打至變白體積膨脹一倍。

分次加入糖粉，攪打均勻。

分次加入杏仁粉和抹茶粉，改用刮刀拌勻。

分次加入糙米米穀粉，拌勻。

揉成20g左右的小球，以兩公分的間隔排在烤盤上，最好冷藏20分鐘後再烤。

以190℃烤25分鐘或表面金黃色為止。

桑葚
糙米餅乾

Tips
▼

1. 桑葚果醬可換用
其他的果醬。
2. 裝盒放兩天後油
份釋出，會更好吃。

奶蛋素

材料

奶油 120g
砂糖 60g
雞蛋 1個
白米/糙米米穀粉 240g
桑葚果醬 30g

作法

1　奶油放至室溫軟化，加入砂糖攪拌至顏色變白、質感蓬鬆。

2　加入室溫雞蛋，仔細拌勻。

3　加入桑葚果醬，仔細拌勻。

4　分次加入米穀粉，攪拌均勻至形成糰狀。

5　整成長條形狀，用烘焙紙捲起來，放在有蓋的保鮮盒裡，放置於冷藏庫隔夜。

6　烤箱預熱至200℃

7　拿掉烘焙紙，切成約0.4公分的薄片，平鋪在烤盤上，烤約20分鐘，約可做25片餅乾。

黑米雪球

奶蛋素

材料

發酵奶油 140g
糖粉 50g
杏仁粉 80g
糙米米穀粉 70g
黑米米穀粉 70g

作法

將奶油放至室溫軟化，用打蛋器打至變白、體積膨脹一倍。

分次加入糖粉，打勻。

分次加入杏仁粉，改用刮刀拌勻。

分次加入黑米和糙米米穀粉，拌勻。

揉成20g左右的小球，以2公分的間隔排在烤盤上，最好冷藏20分鐘後再烤。

以190℃烤25分鐘或表面金黃色為止。

椰子
香蕉餅乾

材料

白米/糙米米穀粉 100g　　植物油 60g
無鋁泡打粉 5g　　　　　水 45g
椰子粉 100g　　　　　　香蕉 1條
砂糖 40g
鹽 0.5g

作法

烤箱預熱170℃。

香蕉去皮，切成0.5cm大小的小丁。

攪拌盆中放入米穀粉、椰子粉、泡打粉、糖和鹽，攪拌均勻。

加入植物油，拌至沒有結塊。

加入水，用橡皮刮刀切拌均勻。

加入香蕉丁，粗略混拌，不要壓碎所有的香蕉。

用湯匙挖起一口大小的米糰，間隔排放在烤盤上，用沾濕的手指輕輕按壓整型。

放入170℃的烤箱烤25分鐘。

取出冷卻。

Tips
▼
烤好放至微溫的時候最好吃。

糙米核桃酥

（奶蛋素）

材料

發酵奶油 100g　　　白米/糙米 米穀粉 250g
黑糖 100g　　　　　無鋁泡打粉 5g
鹽 1.5g　　　　　　碎核桃 85g
雞蛋(室溫) 1個　　　杏仁粉 30g
牛奶 20g　　　　　　裝飾用核桃 適量

作法

 烤箱以180℃預熱。

 將米穀粉、泡打粉、杏仁粉先混合均勻備用。

 雞蛋打勻，預留一大匙蛋液，稍後要刷在核桃酥表面。

奶油加熱融化，依序拌入黑糖、鹽、蛋液、牛奶，每加入其中一項材料，都要仔細拌勻後才能加入下一種。

加入混合好的粉類，仔細拌勻至無粉粒。

再混入碎核桃，使其成為柔軟不沾手的米糰。

分成約30g的小糰，揉圓，壓成厚度約1.5cm的小圓餅，並輕輕壓入一整顆裝飾用的核桃，此份量約可做21個。

在核桃酥的表面輕輕刷上先前預留的蛋液，以180℃烤約18分鐘，或烤至表面金黃為止。

 出爐後放置涼透後再裝罐。

Tips
▼
裝罐後放置三天再品嚐，風味更融合。

第八課

千變萬化的 米鬆餅

以糙米粉做鬆餅的口味千變萬化，可隨個人喜好調整，是無麩質飲食的好選擇。

這個單元使用的都是糙米鬆餅預拌粉，其原料很簡單，只有糙米米穀粉加上少許的朗佛德無鋁泡打粉。我們在開發這產品時，試過有加鹽跟糖的版本，但是糙米米穀粉本身的風味很好，加上糖和鹽的助益不大，更增加了保存的難度，所以又回到最單純的配方。天然美女不需要化濃妝就夠漂亮了，是不是？

因為成份裡加了泡打粉，所以只要是中低筋麵粉加泡打粉的配方，都能用鬆餅預拌粉取代，如果需要更膨鬆的口感，我會加上一小撮烘焙用小蘇打，來幫助蛋糕變得更鬆軟，因為小蘇打使用量不多，我就沒有另外添加檸檬汁或米醋了。

米鬆餅較不容易上色，在調製米糊時，我會加上一匙天然蜂蜜來幫忙，有時候蜂蜜用完了，改用一匙有機黑糖也可以。用米穀粉做鬆餅的好處是不用擔心出筋而影響口感，可以現調現烤，省去冷藏鬆弛的步驟，非常方便。

起司培根
米鬆餅

份量：兩人份

材料

鬆餅糊

糙米鬆餅預拌粉 150g
雞蛋 1顆
牛奶 150cc
蜂蜜 10g

配料

培根 4片
起司片 2片
雞蛋 2顆
蕃茄、各式蔬菜 適量

作法

把鬆餅粉、雞蛋、牛奶、蜂蜜拌勻成鬆餅糊。

平底鍋擦上一層薄薄的
油脂，倒上一大匙鬆餅
糊，冒泡後翻面，煎熟
即可。

把1片鬆餅擺在盤底，層層堆上喜歡的配料，最上面擺放一顆太陽蛋，可再灑
上喜歡的香料。

藍莓
糙米鬆餅

奶蛋素

材料

鬆餅糊

鬆餅粉 150g
雞蛋 1顆
牛奶 150g
玄米油 15cc
藍莓 50g

藍莓糖漿

藍莓 150g
楓糖漿 150 g

作法

1 先煮藍莓糖漿，把藍莓和楓糖漿放入小鍋子中，小火加熱2~3分鐘至藍莓破裂爆漿，放涼備用。

將鬆餅糊材料混合，用鬆餅機烤成鬆餅，或用平底鍋煎成美式鬆餅。

3 烤好的鬆餅淋上藍莓糖漿，並可放上一塊奶油增添風味。

Tips

藍莓可以替換成喜歡的莓果或較軟的水果丁。

巧克力
糙米鯛魚燒

奶蛋素

材料

餅糊

糙米鬆餅預拌粉 150g
雞蛋 1顆
牛奶 150g
蜂蜜 1大匙
玄米油 1大匙

夾心

鈕扣巧克力 適量

作法

 鬆餅機預熱。

餅糊材料全部拌在一起。

將餅糊先鋪一層在模型上,放上鈕扣巧克力,再放一點餅糊將巧克力蓋住,同時補足模型內的空間,按照烤鬆餅的方法烤熟即可。

Tips
▼

1. 餡料可替換,例如紅豆泥、芋泥,但液態的材料如蜂蜜、煉乳等則不行。
2. 耐烤巧克力豆通常含反式脂肪,不建議使用。

奶油
蘋果磅蛋糕

份量：兩條／尺寸：21.5cm X 7.5cm X 6cm

奶蛋素

材料

奶油 120g
細砂糖 100g
雞蛋 2個
糙米鬆餅粉 150g
肉桂粉(可省略) 適量

牛奶 30g
蘋果 中型2顆

作法

 烤箱預熱170℃，模型內墊好烘焙紙備用。

 將一顆半的蘋果去皮切小丁。另半顆不去皮，切薄片備用。

奶油切小丁置於室溫軟化。

 將奶油攪軟，分三次加入細砂糖。攪拌至糖粒融化，奶油顏色變白，體積明顯膨脹。將雞蛋打散，分三到四次加入奶油糊中，攪拌均勻。

將鬆餅粉與肉桂粉混合，分次加入作法4中。

 拌入蘋果丁，入模。

 將剩下的蘋果切薄片平鋪在蛋糕表面當裝飾。

 170℃烤35~45分鐘，至蛋糕熟透為止。取出蛋糕放涼後再切片。

百香果椰子奶酥小蛋糕

（奶蛋素）

材料

椰子奶酥

奶油 25g
二砂糖 15g
白米/糙米米穀粉 25g
椰子粉/椰子絲 50g

百香果杯子蛋糕

糙米鬆餅粉 150g　　椰漿 80g
二砂糖 40g　　　　融化的奶油 75g
烘焙用小蘇打 一小撮　百香果醬 20g
雞蛋 2個

作法

1　先做奶酥。奶油放至室溫軟化，按照材料表依序拌勻。做好可裝罐冷藏，約可儲存一個月。

2　烤箱以180℃預熱。

3　將百香果醬放1小匙在每個模型底部（此份量不在材料表內）。

4　鬆餅粉、砂糖、小蘇打粉混合均勻。依序加入雞蛋、椰漿、奶油混合均勻。再拌入百香果醬，裝入剛剛準備好的模型中。

5　以180℃烤至表面膨脹，再灑上一小匙的椰子奶酥。繼續烤至蛋糕熟透為止。

南瓜旦糕

份量：9顆

純素

材料

糙米鬆餅粉 150g
二砂 50g
烘焙用小蘇打 1g
鹽 1小撮
南瓜泥 100g

玄米油 75g
無糖豆漿 130~150g
米醋 5g
裝飾用南瓜丁 少許

作法

1　將烤箱以190℃預熱。

2　南瓜蒸熟，壓成泥。將南瓜泥、豆漿、玄米油混合備用。

3　將鬆餅粉、二砂、烘焙用小蘇打粉、鹽混合均勻。

4　將做法2與做法3混合均勻。

5

6

加入米醋，拌勻後立刻裝模。

以190℃烘烤20~25分鐘，先烤至旦糕膨脹，再放上裝飾的南瓜丁，接著繼續烤至旦糕熟透為止。

第九課

營養香氣足的
黑米杯子蛋糕

黑米是黑色的在來糙米，營養豐富、香氣十足、清淡好消化，用在烘焙產品上具有良好的抗凍性，意即產品冷凍過後再解凍的狀態仍然十分良好，很適合用在想要冷凍保存的食品上。

當初開發這支黑米預拌粉的初衷是黑米粉價格昂貴，又不易保存，我擔心消費者買回家用不完就氧化了。用純黑米粉作烘焙，其產品雖然香，但色澤非常黑，賣相不好，我曾遇過一個小女孩，她用狐疑眼光直盯著黑米杯子蛋糕，死都不肯咬一口；後來就用糙米米穀粉和黑米米穀粉混合，做出預拌粉。如果不喜歡黑黑的顏色，也可以改用糙米鬆餅預拌粉。

這裡所有用到的材料都很容易取得，也沒有什麼高深的烘焙技巧，因為杯子蛋糕的上層沒有覆蓋厚厚的糖霜來作保濕，所以蛋糕體容易變乾，但蛋糕剛出爐時非常美味，故建議是吃多少、做多少，如果吃不完就用有蓋保鮮盒裝好冷凍，要吃的時候轉放冷藏或室溫解凍，用電鍋加一點水稍微蒸一下也行。

希望大家能開發出自己專屬的口味，創造出獨特又美好的回憶。

原味黑米
杯子蛋糕

份量：8個

材料

黑米杯子蛋糕預拌粉 150g
黑糖 50g
玄米油 75g
牛奶 75g
中型雞蛋 2個
蜂蜜 15g
裝飾用杏仁片 少許

作法

1 烤箱預熱至190℃。

2 除杏仁片外，其他材料拌勻即可分裝至紙模內。

3 入烤箱至蛋糕表面膨脹，表面以少許杏仁片作裝飾(可省略)。

4 繼續烤至杯子蛋糕表面金黃為止，整體時間約20~22分鐘。

巧克力黑米
杯子蛋糕

份量：8個

奶蛋素

材料

黑米杯子蛋糕預拌粉 135g　　蜂蜜 15g
可可粉 15g　　　　　　　　72%巧克力 75g
黑糖 50g
玄米油 75g
牛奶 75g
中型雞蛋 2個

作法

 烤箱預熱至190℃。　　 巧克力切碎塊備用。

所有材料拌均勻，即可分裝至紙模內。

入烤箱至杯子蛋糕表面膨脹，放上數顆鈕釦巧克力作裝飾，再續烤至蛋糕熟透為止，整體烘烤約20~22分鐘。

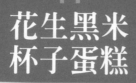

花生黑米
杯子蛋糕

Tips
▼
使用有顆粒的
無糖花生醬會
更好吃。

份量：6個

材料

發酵奶油 65g
細砂糖 65g
無糖花生醬 25g
雞蛋 2顆
牛奶 45g
黑米杯子蛋糕預拌粉 110g

作法

把放至室溫的發酵奶油攪打至變白、變蓬鬆。

細砂糖分兩次加入，攪拌均勻。

打1顆蛋進去，充分乳化後再打第二顆，攪拌至混合均勻。

加入無糖花生醬攪拌均勻。

分兩次加入牛奶打勻。

將黑米杯子蛋糕預拌粉分三次加入拌勻，如果太乾，可酌量再加一點牛奶，平均分裝到紙杯裡。

190℃烤15-20分鐘至蛋糕熟透為止，表面可裝飾有顆粒的花生醬。

椰香黑米
杯子蛋糕

份量：8個

奶蛋素

材料

黑米杯子蛋糕預拌粉 120g
椰絲 30g
黑糖 50g
玄米油 75g
椰漿 75g

中型雞蛋 2個
蜂蜜 15g

作法

 箱預熱至190℃。

除裝飾用材料外，其他材料拌勻即可分裝至紙模內。

烤約20~22分鐘，至杯子蛋糕表面金黃為止。表面可撒上少許椰子絲作裝飾。

紅豆牛奶
杯子蛋糕

份量：9個

材料

市售蜜紅豆 150g　　　　中型雞蛋 2個
牛奶 100g　　　　　　　蜂蜜 15g
黑米杯子蛋糕預拌粉 170g
黑糖 30g
鹽 1小撮
玄米油 75g

作法

　將烤箱預熱至190℃。

所有材料依序加入拌勻。

加入蜜紅豆拌勻，即可分裝至紙模內。

烤約20~22分鐘，至杯子蛋糕表面金黃為止。放上少蜜紅豆作裝飾。

桂圓核桃
杯子蛋糕

份量：8個

材料

黑米杯子蛋糕預拌粉 150g
黑糖 30g
玄米油 75g
牛奶 約50g
桂圓肉 75g

養樂多 75g
中型雞蛋 2個
蜂蜜 15g
裝飾用核桃粒 少許

作法

1
將桂圓肉切碎，加入養樂多泡十分鐘備用。

2
烤箱預熱至190℃。

3
所有材料拌勻即可分裝至紙模內。

4
入烤箱，至杯子蛋糕表面膨脹，放上核桃粒和一小片桂圓肉作裝飾，續烤至表面金黃為止，整體時間約烤20~22分鐘。

> **Tips**
> ▼
> 養樂多要買傳統紅蓋子的，添加物比較少。

黑糖糕

份量：8吋圓形／份量：1個

材料

黑米杯子蛋糕預拌粉200g
黑糖100g
沸水180ml
碎核桃或白芝麻少許

作法

黑糖加入沸水調開後放涼。

把黑米杯子蛋糕預拌粉加入黑糖水內攪拌均勻。

烤模內塗油，把作法2倒入鋪平，表面灑上白芝麻或碎核桃。

電鍋外鍋放兩杯水，水沸騰後將作法3放入，蒸至熟透為止。

5　放涼後再脫模切塊。

第三部
米穀粉的家常點心和料理課

124 第十課 把米穀粉發揮到極致的中式傳統點心

在來米粉
125 肉燥碗粿
128 素食碗粿
131 花生甜水粄
134 客家菜頭粿
137 鮮嫩菜頭粿

糯米粉
140 芝麻酒釀湯圓
143 牛汶水
146 客家鹹湯圓
149 八寶甜年糕
152 紅豆甜年糕

蓬萊米粉
154 客家風味南瓜米糕
158 芋頭糕
161 寶島蕃薯米餅

164 第十一課 米穀粉讓台式家常料理變美味的秘訣

165 台式小里肌肉排
168 酥炸香料雞柳條
170 乾煎虱目魚片
172 香酥骰子豆腐
174 香燴豆皮

176 清炒米貓耳
180 青蔬米疙瘩
183 蔥香南瓜煎餅
186 塔香米煎餅
188 花生豆腐

192 第十二課 挑戰味蕾的異國料理

193 日式大阪燒

196 日式唐揚雞塊

199 印度咖哩雞腿排

202 家常可樂餅

206 韓式泡菜煎餅

210 馬鈴薯雞肉濃湯

214 櫻花蝦仁燒

218 峇里島沙嗲香料玉米餅

第十課

· · · · · · · · · ·

把米穀粉發揮到極致的
中式傳統點心

肉燥碗粿

在來米粉

這裡介紹的碗粿是偏南部口味的作法，雖然材料表上用的是肉燥，有時候我會拿鍋裡吃剩的一點滷肉，加上水煮蛋和香菇一起滷好，這樣很方便，而且也不會浪費食物。做碗粿最重要的步驟就是煮粉漿，火一定要很小，而且手不能停，要不停地攪拌，尤其要注意鍋底，粉漿很容易黏住就燒焦了，用厚底鍋、打蛋器和耐熱刮刀會比較好操作。

碗粿蒸好馬上吃是軟軟黏黏的感覺，放到有點溫熱時，口感會比較Q，這就端看個人喜好了。

份量：8碗份

材料

鋪料

家傳口味的肉燥 適量
滷蛋 2顆（一切四）
乾香菇 8朵（一切二）
油蔥酥（可省略）
鹽 適量
白胡椒粉 適量
蔭油 適量

粉漿

水 1000cc
在來米米穀粉 300g
鹽、白胡椒粉

作法

先準備鋪料，以蔭油、絞肉、油蔥酥、胡椒粉等食材，滷好肉燥、香菇和水煮蛋，放涼備用。

準備粉漿，把水和在來米粉混合，加適量的鹽和白胡椒粉
調味，也可以加一點滷肉汁添香，肉汁的量要算在水量
裡。

把準備好的粉漿放在瓦斯爐上，開最小火，不停地攪拌，
直到粉漿半熟、呈濃稠的漿糊狀，立刻離火，攪拌均勻，
有點結塊沒關係。

分裝到碗裡，約七分滿，可用手指沾冷
水整平表面，再把料鋪在上方。

水燒開後蒸半小時或用電鍋加兩杯水
蒸，直到用筷子插入中心，抽出沒有沾
到粉漿即可。

放至溫熱，淋上少許蔭油
膏和香菜享用。

素食碗粿

在來米粉

曾有邀我去上課的廚藝教室要求我教做素食料理，我想了想就把配料改成食譜所示的內容，碗粿的配料豐儉隨意，加上乾鍋煸香的杏鮑菇塊、新鮮毛豆仁也很好吃。
做碗粿最重要的步驟就是煮粉漿，火一定要很小，而且手不能停，要不停地攪拌，尤其要注意鍋底，粉漿很容易黏住就燒焦了，用厚底鍋、打蛋器和耐熱刮刀會比較好操作。
碗粿蒸好馬上吃是軟軟黏黏的感覺，放到有點溫熱溫熱時口感會比較Q，這就端看個人喜好了。

份量：8碗

純素

材料

鋪料

有機生豆皮 4片
新鮮或乾栗子 8顆
乾香菇 8朵
鹽 適量
白胡椒粉 適量
蔭油 適量

粉漿

水　1000cc
在來米米穀粉　300g
鹽、白胡椒粉

作法

1　先炒鋪料，豆皮（一切四）、栗子（若為乾栗子需先泡水）、香菇（泡水、一切二）處理好後，分別用油煎出香味，再一起放回鍋子裡，用蔭油和少許水滷5分鐘（如果使用乾栗子，需煮更久），最後用鹽和白胡椒粉調味，放涼備用。

準備粉漿，把水和在來米粉混合，加適量的鹽和白胡椒粉調味，也可以加一點油滷汁添香。

把準備好的粉漿水放在瓦斯爐上，開最小火，不停地攪拌，直到粉漿半熟呈濃稠的漿糊狀，立刻離火，攪拌均勻，有點結塊沒關係。

分裝到碗裡，約七分滿，可用手指沾冷水整平表面，再把料鋪在上方。

水燒開後蒸半小時或用電鍋加兩杯水蒸，直到用筷子插入中心抽出沒有沾到粉漿即可。

放至溫熱，配上少許蔭油膏和香菜享用。

花生甜水粄

在來米粉

小時候外婆常常做水粄給我們孫輩們當點心，熱熱的夏天午後來上一塊涼涼的甜水
粄是很棒的享受，外婆通常會用深的四方不銹鋼盤蒸上一大盤，任我們用小刀自行
切塊來吃，如果她當天比較有空，就會分別用白糖跟黑糖調出兩色粉漿，兩色交
錯、層層蒸熟，製造出漂亮的視覺效果。

甜的水粄最好只蒸當天要吃的份量，因為冰過會變得脆脆硬硬不好吃，通常我會早
上蒸好，下午讓女兒們當課後點心。撒上少許炒熟的碎花生或碎堅果，香酥的口感
可以增加更多變化。

份量：4碗

材料

在來米粉或白/糙米米穀粉 150g
水 500g
有機黑糖 100g
炒熟的碎花生或任何碎堅果 適量

作法

將米穀粉、水、糖拌
勻。

用最小火煮粉漿，要
不停攪拌，避免黏
鍋，煮到半熟呈漿糊
狀。

倒入模型或飯碗裡，電鍋外鍋放兩杯水或中大火蒸30分鐘，至粉漿熟透，用筷
子插入中心拔出不沾粉漿即可。

放涼切塊，撒上炒熟
的碎花生或堅果更好
吃。

Tips

1. 用在來米米穀粉製成的口感
與碗粿相似。
2. 用白／糙米米穀粉製成的口
感比較軟糊。

客家菜頭粿

在來米粉

小時候最喜歡外婆蒸菜頭粿了，以前用的是燒柴的大灶，只有一個大鍋，她會把配料炒熟，再開始燜蘿蔔絲，這時候我跟表妹就會在旁邊偷抓炒好的配料來吃。等到菜頭粿蒸好從超大的木頭蒸籠搬出來放涼時，我們兩個就換用湯匙去挖還溫熱的菜頭粿邊邊，因此菜頭粿的邊邊總像是被老鼠啃過般參差不齊，向來嚴厲的外婆這時候不會罵人，反倒睜一隻眼閉一隻眼地任著我們胡鬧。

從外婆開始生病到過世後，我大概有十年不曾吃到這種口味的菜頭粿，市場上沒有人賣，我也找不到夠好的原料可以製作，直到有了自己的在來米米穀粉，才憑記憶做出外婆的味道，蒸好後吃到第一口，我的心裡湧起濃濃的思念，眼淚差點滴下來，放涼後趕緊切塊分給妹妹們，讓大家一起來懷念外婆。

份量：1個／尺寸：22cm 圓形

材料

白蘿蔔（去頭去皮切粗絲） 1000g
在來米粉250g
水250g
香菇 50g
金勾蝦 50g

蒜白 50g
梅花豬肉絲150g
白胡椒粉 適量
鹽 適量

作法

起油鍋先將香菇絲和蝦米爆香，再加入肉絲炒到變色，用胡椒和鹽調味，最後拌入切片的蒜白，立刻熄火，起鍋放涼備用。

將切好的蘿蔔絲放入厚底鍋裡，加一大匙水（不在材料表內），蓋上鍋蓋小火將蘿蔔絲燜熟，要不時的攪拌，避免黏鍋燒焦。

準備一個大鍋子，將在來米米穀粉與水放入其中攪拌均勻，再用白胡椒粉和鹽調味，要比平常更鹹。

將作法2趁熱沖入作法3，拌勻後再多攪拌幾次，最後加入作法1，仔細拌勻，倒入塗了油的模型裡。

6　蘿蔔糕蒸好後，一定要打開鍋蓋，放涼散去水份，表皮才不會變得濕軟。

電鍋外鍋放入兩杯水跳起後再加兩杯熱水再蒸一次，或用中大火蒸1小時，筷子插入中心點取出不沾材料後即可。

Tips
▼

1. 用22cm分離式戚風蛋糕模，放涼後很容易脫模。
2. 如果怕蒸不熟，可以多蒸5分鐘無妨。
3. 放隔天才會比較好切。

鮮嫩菜頭粿

在來米粉

我一直吃不慣素食菜頭粿，一是小時候家裡從沒做過、不習慣，二是跟外婆料多多的客家菜頭粿相比，這種滋味顯得太平庸。

後來當了主婦，偶爾拗不過熱情小販的吆喝聲，買一塊回家品嚐，沒想到連家人也不太捧場，有時是蘿蔔太老不夠嫩，有時是蘿蔔絲太細沒口感，有時是吃起來有點臭臭的米味，反正就是很難買到滿意的。

後來自己有了在來米粉後，第一個試做的食物就是素食蘿蔔糕，用台灣當令的肥碩白蘿蔔，削去硬皮，切成比烤肉竹籤略粗的絲狀，連湯汁都不浪費，一起調入粉漿裡，就蒸出了蘿蔔比粿多的甜嫩蘿蔔糕。我喜歡將蘿蔔糕放到隔天變硬後切片再煎得金黃香脆，再沾了加上蒜苗和香菜末的蔭油，記得第一次煎給孩子們吃時，不愛粿食的大女兒卻說這是她吃過最好吃的素食菜頭粿，後來只要到了蘿蔔盛產期，時不時我就會蒸上一個來當早餐。

份量：1個／尺寸：22cm 圓形

材料

國產白蘿蔔（去頭去皮切粗絲）　1000g
在來米米穀粉　200g
水　200g
鹽 適量
白胡椒粉 適量

Tips

1. 用22cm分離式戚風蛋糕模，放涼後很容易脫模。
2. 如果怕蒸不熟，可以多蒸5分鐘無妨。
3. 放隔天才會比較好切。

作法

將切好的蘿蔔絲放入鍋裡，加一大匙水（不在材料表內），蓋鍋蓋小火煮熟，
要不時的攪拌，避免黏鍋燒焦。加入白胡椒粉、鹽調味。

準備一個大鍋子，將在來米米穀粉與水
放入其中攪拌均勻，再用白胡椒粉和鹽
調味，要比平常更鹹。

把煮好的蘿蔔絲和湯汁，趁熱沖入作法
2，攪拌均勻。同一方向多攪幾次，讓
蘿蔔糕的口感更紮實，如果粉漿變得太
稀，可再加上一點在來米粉調整。

模型內塗一層薄薄的油，將材料倒入鋪
平。

電鍋外鍋放入兩杯水跳起後再加兩杯熱
水再蒸一次，或用中大火蒸1小時，筷
子插入中心點取出不沾材料後即可。

蘿蔔糕蒸好後，一定要打開鍋
蓋，放涼散去水份，表皮才不
會變得濕軟。

芝麻酒釀
湯圓

（糯米粉）

某個寒流來的晚上，小女兒說想吃酒釀湯圓，我一直不太喜歡市售的冷凍包餡湯圓，有些原料我不是很能接受。家裡有朋友送的純黑芝麻醬，想起以前看過的網路教學影片，就試著自己做做看。黑芝麻醬裡含有豐富的油脂，呈現半流動狀，很難塑形，我加上有機黑糖，調整到能搓成小圓糰狀的程度，再包入湯圓裡，竟然看起來也有模有樣的，而且重點是很快就能做好。

煮好的芝麻內餡不像廣告裡的湯圓呈現流沙狀，口感比較紮實，但香香的黑糖加上純黑芝麻也別有一番風味，真材實料又安心。如果想要流沙狀的內餡，就要改用奶油拌上芝麻粉和糖，而且要冷藏分割成小塊後才能用。

份量：15顆

奶蛋素

材料

芝麻湯圓

芝麻醬 60g
有機黑糖 30g
圓糯米粉 220g
滾水 50g
冷水 70~80g

甜酒釀蛋湯

水 1000cc
砂糖 2~3大匙
蛋 2顆
甜酒釀 4大匙

作法

將芝麻醬拌勻取60g，加上黑糖拌勻即成餡料，若太濕黏無法成型，可加少許糯米粉調整。

取6g混合物，搓圓呈餡球，待所有餡球
搓好後，可以冷凍30分鐘後較好操作。

將糯米粉放在大鍋中，中間挖個洞，沖
入滾水，用筷子拌勻後，慢慢加冷水。

取20g 糯米糰，捏成小杯狀，放入芝麻
餡球，收口後滾圓成型。

取一大鍋，裝入
2000c.c.冷水，滾
沸後放入湯圓，
以中小火煮至浮
起，略為膨脹後
即可關火。

接著另取一鍋煮酒釀蛋湯，水煮開後，
加入適量砂糖融解。將蛋打散，倒入糖
水中煮成蛋花湯。熄火後加入酒釀即
可。

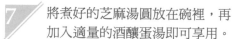

將煮好的芝麻湯圓放在碗裡，再
加入適量的酒釀蛋湯即可享用。

Tips
▼

1. 將芝麻醬換成花生醬，就變成花
　生湯圓。
2. 酒釀煮了容易變酸，所以要等熄
　火後再添加。

牛汶水

糯米粉

我小時候吃過的類似的點心，外婆某日熬了一鍋又黑又濃的薑糖汁，裡頭漂浮著細細的薑末，再把吃剩變硬的客家麻糬用刀切成一塊一塊丟進去煮得軟爛。說真的，那個口味對當時還是小孩的我來說太不討喜了，不管是又熱又辣的湯汁、還是嘴裡咬到的細薑末、以及吞下去差點噎住的軟爛麻糬，我通通不喜歡，因而它自此也沒再出現過。

後來看到食譜，拿了自家的糯米粉試做，做出白白胖胖中間有凹洞的湯圓，再淋上充滿薑味的糖水，臨上桌前再撒上的香脆花生米，那個味道和口感跟小時候的印象截然不同。原來用湯圓做的牛汶水跟吃剩的麻糬再煮的口感差別這麼大，真想跟外婆一起分享，可惜已經沒機會了，她應該會叫我把花生敲碎一點，不然她會咬不動。

純素

材料

湯圓

圓糯米粉 150g
沸水 50g
冷水 30~50g

黑糖薑湯

老薑 50g（或隨喜好增減）
水 1000g
黑糖 100g（或隨喜好增減）
去皮熟花生 適量

作法

把糯米粉放在鍋裡，中間挖一個洞。把沸水沖入粉裡，用筷子攪拌均勻，再用冷水調整濕度至可成團、不黏手。

充分搓揉粉團後，分一口大小的小塊，再搓成圓球形，用手指於湯圓正中央壓下，使其成為中央有凹槽的圓扁形狀。

另起一鍋水，水沸騰後轉中火，將湯圓放入，煮至浮起膨脹即熄火。

接著煮薑糖水。先將老薑洗淨切成薄片，與冷水一起煮，沸騰後改用小火略煮5分鐘，直至老薑的香味飄出。熄火加入黑糖拌勻並調整成喜歡的味道。

將碗裡盛入適量的湯圓與熱糖水，並撒上一小把去皮熟花生即可。

Tips
▼

若無熟花生，可用烤熟的任何堅果取代。

客家鹹湯圓

糯米粉

這是整本書裡我最喜歡的料理了，它是我心目中的療癒美食第一名。

外婆是很傳統的客家婦人，拜拜供品必用三牲，所以每到年節爐子上會有一個特大湯鍋，煮上一隻隻自家養的雞鴨鵝，還有市場裡特定攤位買回來的溫體黑豬三層肉，全家整天都飄滿了高湯的香氣，而這鍋濃重的高湯就是客家鹹湯圓的靈魂所在。

現在的小家庭當然沒辦法這樣做菜，我的方法是去信得過的熟食攤，買上一份喜歡的禽肉切盤，配上一份高湯熬煮的筍絲，拿小販附贈的小包高湯稀釋後當成湯底，煮成一鍋香料蔬菜多多的湯圓，就著禽肉切盤、高湯筍絲，就是每個人都吃到欲罷不能的一餐。我的丈夫雖是閩南人，但也就隨著我，一起熱愛著這道客家美食。

份量：2~3人份

材料

湯圓

圓糯米粉 150g
沸水 50g
冷水 30~50g

湯底

高湯 適量
肉絲/乾香菇/蝦米 適量
韭菜/芹菜/蒜苗/香菜/茼蒿 適量
鹽/白胡椒粉 少許

作法

把糯米粉放在鍋裡，中間挖一個洞。把沸水沖入粉裡，用筷子攪拌均勻，再用冷水調整濕度至可成團不黏手。

充分搓揉粉團後，分小塊，再搓成圓球形。

另起一鍋水，水沸騰後轉中火，將湯圓放入，煮至浮起膨脹即熄火。

香菇蝦米先泡水後，將香菇切絲備用。起油鍋，炒香香菇和蝦米，再加肉絲炒熟，再加蔬菜炒熟，用白胡椒粉和鹽調味後起鍋盛盤備用。

將剛剛的炒鍋加高湯和水燒開倒入湯鍋中，再加入煮好的湯圓和配料即可。

八寶甜年糕

糯米粉

開業後第一次遇到農曆年，就想試試蒸甜的年糕，通常的作法是從熬煮豆子開始，對於要工作的媽媽而言實在很麻煩。一次逛超市時發現有真空包裝的蜜八寶豆，成分只有糖跟豆子，買回來試做，效果還不錯，想節省時間的話可以考慮這種方法。這個配方做起來豆子比年糕多，視覺跟口感都能得到很大的滿足，但是最大的缺點就是不耐久放，容易發霉，通常隔天就得進冰箱，冰過後會變硬，可以切小塊，用米穀粉調顆蛋當裹衣，炸過以後軟甜香滑，會讓人忘記要立志減肥的新年新希望。

份量：4個／尺寸：10*5cm圓形

純素

材料

圓糯米粉　300g
沸水　100g
冷水 180~200g
有機黑糖　100g
市售八寶豆　1包（300g）

作法

1 模型塗薄薄的一層油備用，或
鋪上烘焙紙也可以。

2 把糯米粉、黑糖拌
勻，沖入沸水拌勻
後，續加入冷水仔細
攪拌約5分鐘。

3 加入2/3 包八寶豆，
攪拌拌勻。

4 把年糕漿倒入模型，再把剩下的1/3包八寶豆均勻鋪在上面。

5 中大火蒸60分鐘，或用筷子插入中心，抽出時無沾黏即可。

Tips
▼

1. 22cm可分離的戚風蛋糕模較好脫膜，此分量可做成一個。
2. 如果不要太軟黏，可以改換成1/5的糙米粉、4/5圓糯米米穀粉。

紅豆甜年糕

糯米粉

份量：4個／尺寸：10*5圓形

純素

材料

圓糯米粉 300g
沸水 100g
冷水 180~200g
黑糖 100g
市售蜜紅豆1包（300g）

作法

模型塗一層薄薄的油備用，或鋪上烘焙紙也可以。

把糯米粉、黑糖拌勻，沖入沸水拌勻後，再加入冷水仔細攪拌約5分鐘。

加入2/3包蜜紅豆，攪拌拌勻。

把年糕漿倒入模型，再把剩下的1/3包蜜紅豆均勻鋪在上面。

用中大火蒸60分鐘，或用筷子插入中心，抽出時無沾黏即可。

Tips

1.用22cm可分離的戚風蛋糕模較好脫膜，此分量可做成一個。
2.如果不要太軟黏，可以改換成1/5的糙米粉、4/5圓糯米米穀粉。

客家風味
南瓜米糕

蓬萊米粉

加了南瓜泥或地瓜泥的米糰會更好操作不容易有裂紋，適合當成包子皮，會改善米穀粉不具延展性或容易變乾燥的問題，這裡示範的是我們家喜歡的鹹味材料配方，但其實包自己喜歡的餡料都可以。

我喜歡月桃葉蒸過的清香氣味，田邊或水邊常常會有叢生的月桃葉，拿回來雙面洗乾淨後瀝乾水分就能用，外婆年節做粿時，通常我是小幫手，負責把她做好的粿放在葉子上，用剪刀修剪出適合的形狀後，再將其排列在蒸籠裡準備上灶蒸熟，月桃葉、木頭蒸籠、柴燒大灶交織而成的香氣，對我而言就是最幸福豐盛的味道。

份量：8個

材料

外皮

蒸熟的帶皮南瓜 240g
白米/糙米米穀粉 240g

餡料

豬胛心肉絲　150g
香菇 4小朵（泡軟切絲）
木耳絲　50g
櫻花蝦或蝦米 15g
鹽、胡椒　適量
月桃葉或野薑花葉　數葉

作法

先炒餡料，用兩大匙油，依序將泡軟切絲的香菇、櫻花蝦、豬肉、木耳炒香，每樣材料都要爆香後才加入下一樣，最後用白胡椒鹽調味，味道要比平常更重一點，放涼備用。

南瓜先蒸熟、壓成泥，加上米穀粉，用先壓再推的方法揉成光滑不黏手的米糰備用，若裂紋很多，表示太乾，可以加一匙或兩匙水揉勻。

取60g米糰,做成杯狀,包入一匙餡料,收口成圓球狀,在外表抹一層薄薄的油,放在洗淨的月桃葉上,修剪成適當大小。

將南瓜米糕放在蒸籠裡,以中火蒸15分鐘即可。

Tips
▼

1. 若無月桃葉,可用包子紙、野薑花葉、柚子葉或任何可食用無毒的葉子代替。

2. 若有青蒜苗,也可以適量添加在餡料裡。

芋頭糕

蓬萊米粉

芋頭、香菇、紅蔥頭根本是超級好朋友，三樣煮在一起就是香得不得了。煮鹹粥、做炊飯、當油飯的配料都好好吃，在這裡我把它做成像蘿蔔糕一樣的粿，放涼切片煎香，配上蒜苗蔭油就是冬令的季節美食。

一開始我做的是全在來米粉配方，但因為芋頭的含水量少，成品簡直可以當磚頭拿去蓋房子了，後來換成全糙米粉配方，成品又會產生QQ厚厚的硬皮，也不太好吃，後來調成兩種米粉各一半，效果才比較好，如果覺得這樣做起來還太硬，可以多加一些些水。

份量：1個／尺寸：22cm圓形

材料

芋頭（去皮去頭尾）300g
紅蔥頭 50g
乾香菇 6朵
糙米米穀粉 200g
在來米米穀粉 200g
水 400g

白胡椒粉 適量
鹽 適量

作法

將芋頭切成2cm見方的塊狀，用適量的油煎到焦黃備用。

將糙米米穀粉、在來米米穀粉、水混合備用。

紅蔥頭切薄片、香菇泡水切絲備用。起油鍋，炒香紅蔥頭跟香菇絲，再加入芋頭塊，並加入胡椒粉跟鹽調味。

將炒好的配料跟作法2的米漿混合，再倒入22cm的圓形模具內。

電鍋外鍋放入兩杯水跳起後再加兩杯熱水再蒸一次，或用中大火蒸一小時，筷子插入中心點取出不沾材料後即可。

 蒸好後，一定要打開鍋蓋，放涼散去水份，表皮才不會變得濕軟。

 切塊沾喜歡的醬料享用。

Tips
▼
用22cm分離式戚風蛋糕模較好脫模。

寶島蕃薯
米餅

蓬萊米粉

這道點心的主角是美味的台灣地瓜，米穀粉的作用只是幫忙收乾水份，好讓黏糊糊的地瓜泥能塑型，這裡只加上少少的奶油增加香氣，也可以改用椰子油，或其他沒有味道的植物油。我曾試做過加了肉桂粉的版本，喜歡的話也可以試試。

這道點心剛起鍋時熱呼呼的最好吃，通常很快就會被搶食一空，但放冷後就會比較硬，若要改善這個缺點，可以用三分之一的手工樹薯粉或純蓮藕粉取代米穀粉。

奶蛋素

材料

有機地瓜（含皮含微量水份）300g
發酵奶油 50g
鹽 少許
糖 少許（地瓜很甜時可省略）
白米/糙米米穀粉150g

作法

地瓜洗淨連皮切小塊，加少許水煮熟，煮熟後需含有少許湯汁。

趁熱加入奶油、糖、鹽，用叉子將地瓜壓成含小塊的泥狀。

加入米穀粉，混合成不沾手的柔軟糰狀，要看含水量調整米穀粉用量。

捏成太陽餅狀，用平底鍋，不需加油，兩面烙至金黃色即可。

第十一課

米榖粉讓
台式家常料理
變美味的秘訣

台式
小里肌肉排

食貨誌是我非常喜歡的一本書，是那種把書看完放在飛機上忘了帶下來，又再去買
一本回來收藏的喜歡。當初書裡面提到用十三種香料做成的滷包，我嫌太麻煩沒有
挑戰過，後來在上下游基地買到經典十三香滷包，滷起食材來的香味真不是蓋的，
後來經典十三香料粉問世，味道更複雜細緻有層次，從此就把五香粉打趴，變成我
家廚房裡的常備香料。配上蒜末和蔭油，醃漬食材後再裹上米穀粉當炸衣，就可以
輕鬆做出健康又美味的台式口味炸物，我還會準備當季的生菜葉一起包著吃，增添
清爽的口感。

材料

豬小里肌肉（腰內肉）300g
蛋 1顆
糙米/白米 米穀粉50g
油 適量

醃料

經典十三香料粉（或五香粉）適量
蔭油 二大匙
米酒 一大匙
蒜末 適量
白胡椒、鹽 少許

香料鹽

白胡椒粉 1小匙
鹽 1小匙
經典十三香料粉（或五香粉）少許

作法

把豬小里肌切成約1
公分厚的肉排。

用醃料將肉拌勻,冷藏隔夜。

將雞蛋和米穀粉加入
醃好的肉裡,拌勻使
肉排上有一層薄薄的
裹衣。

將香料鹽的材料混合,並調整成
喜歡的味道,食用時沾著一起
吃。

鍋中放入適量的油,用中小火將肉排半
煎炸至兩面金黃熟透。

Tips
▼

可改用豬里肌肉排,要先用拍肉錘
或刀背將肉排拍鬆,肉排才不會太
硬。

酥炸
香料雞柳條

某日的傍晚，還在外面的小女兒突然說要帶同學回來一起吃晚餐，掛完電話翻了翻冰箱，除了原本備好的菜餚，只有一盒剛買的雞柳條，我利用廚房裡現有的香料，將雞柳條稍稍醃漬入味，將其酥炸之後，金黃的色澤加上清爽不油膩的口感，那天的雞柳條當然是以最快的速度從盤子上消失了。

如果家中剛好有能生吃的葉菜，拿來包著一起吃也很讚！

材料

新鮮雞柳（雞小里肌）
12片
雞蛋 1個
白米/糙米米穀粉 30~50g
油 適量

醃料

乾燥羅勒、乾燥百里
香、紅椒粉 各5g
鹽 10g

作法

1	2	3
雞柳條用香料和鹽抓拌均勻，冷藏15分鐘。	把米穀粉和雞蛋加入醃好的雞肉中，抓勻，讓雞柳條外面裹上一層薄薄的粉漿。	起油鍋，用半煎半炸的方式將雞柳條煎至兩面金黃。

Tips
▼

1.可換成去骨雞腿肉。
2.可搭配喜歡的香料鹽或番茄醬享用。

乾煎
虱目魚片

我很喜歡吃乾煎虱目魚，剛起鍋趁熱淋上些許蔭油，坐在桌旁邊挑刺邊吃，最後再把盤底的醬汁淋在熱白飯上吃下肚，那一刻真心覺得人生最滿足莫過於此。

虱目魚好吃是好吃，但煎的時候很會噴油，總得穿上圍裙、拿著鍋蓋當盾牌擋在前面，即便如此，臉上跟手上總免不了會被熱油濺傷。後來發現只要在外皮抹上一層薄薄的米穀粉，靜置一會兒，米穀粉會吸收魚肉中的多餘水分，避免噴油，吸了水分的米穀粉一遇熱油，會自動形成金黃香脆的外皮，翻面時不但魚皮不容易破，還把肉汁封鎖在裡面，成品外酥內嫩，容易就製造出廚藝很好的錯覺。

這裡示範的醬汁適合味道較重的魚，例如四破、鐵甲、鯖魚等都可以。單單淋上蔭油配哇沙米，或沾上胡椒鹽也很好吃，但是相信我，這個醬汁可是大受歡迎，請務必試試。

材料

片開的虱目魚 1條
白米/糙米米穀粉 適量
油 適量

調味料

蔭油 1大匙
蒜末 1大匙
烏醋 1大匙
辣椒末 適量（可省略）
香菜末 適量（可省略）

作法

1

將蔭油、烏醋、蒜末拌勻，即成為醬汁，可以加上辣椒末與香菜末增加香氣。

2

把虱目魚的表面均勻地抹上一層薄薄的乾粉，並拍去多餘的粉末，靜置2~3分鐘。

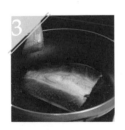

3

起油鍋，待油熱後，將魚片下鍋煎到兩面金黃。

4

將魚片盛在盤中，趁熱淋上醬汁即可。

香酥
骰子豆腐

Tips

1. 板豆腐要買有機或非基改的。
2. 沾醬可以加上少許蒜蓉更香。

我剛從學校畢業時住在泡沫紅茶的發源城市，正是泡沫紅茶店最風行的年代，下班後常常跟同事相約去泡沫紅茶店聊天吃東西，等牢騷發完肚皮也填飽了，覺得勇氣百倍，明天又能再度面對職場上的壓力。那時我很喜歡點炸豆腐，酥酥的豆腐塊沾上微辣油膏咬在嘴裡又香又鹹，真是人間美味。

我後來曾試著在家裡複製炸豆腐，但因為我沒炸東西的天賦，不太會控制火候，所以成品通常很難吃。直到我開始使用米穀粉，才找到好操作又成功率高的方法，唯一的缺點是得很有耐心，要煎成六面金黃得花上不少時間，鍋子裡可以多放點油，高度超過豆腐塊的一半，這樣只要上下翻面，會比較快速。做好的骰子豆腐可沾醬吃、紅燒、煮湯、煮火鍋，一次做多一點，冷凍起來就可隨時取用。

材料

板豆腐 1塊
白米/糙米米穀粉 適量
油 適量

沾醬

蔭油膏 一大匙
冷濃烏龍茶 少許
白芝麻油 適量
辣椒末 適量
香菜末 適量

作法

把沾醬的所有材料拌勻，並用冷茶調整至喜歡的濃稠度。

將豆腐切成一口大小的立方塊。切好的豆腐塊每個面都均勻沾上薄薄的米穀粉，並靜置2~3分鐘。

平底鍋加適量的油，用小火慢煎成六面金黃的骰子豆腐。

配上沾醬食用即可。

香燴豆皮

Tips

1. 生豆皮要買有機或非基改製作的比較好。
2. 生豆皮容易變質,要買冷藏或冷凍販售的,避開添加防腐劑的疑慮。
3. 醬汁可以加入蒜蓉同煮更美味。

念書時期總是口袋空空，午餐通常只吃得起校門口的自助餐，校門口全班公認最好吃的自助餐，把這道菜做得非常好吃，酥酥的豆皮淋上濃濃的芡汁，放在白飯上一起入口好銷魂。家裡從來沒有這樣菜色，想解饞的時候只能趁早去自助餐廳排隊。自助餐廳處理生豆皮是用高溫大火油炸，成品才能酥脆不含油，在家裡的廚房很難做到那樣的程度，光想到事後要清理噴濺得亂七八糟的爐台，我就打退堂鼓了，直到用了米穀粉之後，發現只用少少油煎就能讓豆皮呈現酥脆的口感，就算只沾點蔭油膏都很棒，這道菜就很常出現在我家的餐桌上了。

材料

生豆皮 4片
白米/糙米 米穀粉 適量
油 適量
辣椒、蔥花、香菜末 少許

醬汁

蔭油膏 1大匙
水 50g
白芝麻油 少許

作法

1	2	3	4
將生豆皮的外皮均勻沾上一層薄粉，靜置2~3分鐘備用。	起油鍋，用中小火將豆皮兩面煎至金黃香脆，取出放在盤子上備用。	留下適量的油，放入蔭油膏、水，小火煮滾並收至濃稠狀熄火，起鍋前淋上少許白芝麻油。	將醬汁淋在豆皮上，並撒上少許蔥花及香菜末。

清炒米貓耳

剛開始實施無麩質飲食時，實在傷透腦筋，畢竟米飯的變化較少，不是粥就是飯，吃著吃著也容易膩，後來用米穀粉做出這樣的變化，大家也都挺開心的。基本上就是冰箱有什麼都能配料都拿來炒，我也喜歡加上脆脆的木耳絲或菇類，拿掉肉絲就變成蔬食版本。

我家的孩子很喜歡吃義大利麵，有時手邊剛好沒有無麩質的麵條，我就會做些米貓耳，淋上自家煮好的醬汁，也算是另一種作法。我認為做菜不用太拘泥，因時因地因材作調整，觀察看看結果會有什麼不同，也是烹調的樂趣之一，就算失敗也是自己吃，別擔心成敗，儘管放手去嘗試。

材料

米貓耳

糙米米穀粉 150g
沸水 50g
冷水 60~70g

清炒配料

乾香菇 5朵
肉絲100g
各色蔬菜 適量
玫瑰鹽 適量
白胡椒粉 適量
白芝麻油 適量

作法

米穀粉放在盆中挖個洞，加入沸水用筷子混合至不燙手。再慢慢加入冷水，直至成糰，揉到光滑，可以用力多揉幾次，讓米貓耳更有口感。

分成小團捏成喜歡的形狀備用，厚薄要均勻才比較容易同時煮熟。

燒開1000cc的水，下米貓耳，用中火煮至浮起，撈起放在冷水中備用。

泡軟的香菇切絲，用適量的油爆香至金黃色，再下肉絲炒熟。

加上各色蔬菜略炒，再加入200c.c的水煮開。

把米貓耳放入炒料裡，拌炒均勻，略煮1~2分鐘，最後下青菜略炒。

以鹽、白胡椒粉、白芝麻油味調味即
可。

Tips
▼

1. 蔬菜種類可隨季節調整，份量隨意。
2. 米貓耳可作好後冷凍，要用時再煮熟。

青蔬米疙瘩

假日的中午，我很喜歡做這道菜餚當成簡便的午餐，這裡用的湯頭配方，是我的外婆常常做給家人吃的，拿來煮切成塊狀的菜頭粿也很好吃。有時候利用前一晚喝剩下的湯，隨意加上蔬菜配料，連切菜炒料的工作都省起來了，只要調個米疙瘩糊下鍋一起煮熟，這樣是不是很方便呢？畢竟媽媽平日也很忙，週末當然也想跟大家一樣好好地發個懶。

米疙瘩的米糊一開始是只有米穀粉加水的，但米穀粉的黏著性比較差，舀到湯裡一煮滾就會碎成小塊，所以才發展出加蛋的配方。如果不加蛋，可以試試加上煮熟的地瓜泥或南瓜泥。

材料

米疙瘩

白米/糙米米穀粉　150g
雞蛋 2個
水 30~40g

湯頭

蝦米 20g
乾香菇 5朵
肉絲100g
高麗菜 150g
紅蘿蔔 50g
蒜苗、青蔥 適量
玫瑰鹽 適量
白胡椒粉 適量

作法

將米穀粉、雞蛋、水拌勻至濃稠的糊狀備用，濃稠度約是半融化冰淇淋的狀態。

泡軟的香菇切絲、蝦米洗淨，用兩大匙油爆香至金黃色，再下肉絲炒熟，加上紅蘿蔔絲、高麗菜等略炒，加適量的水煮開。

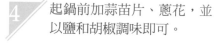

起鍋前加蒜苗片、蔥花，並以鹽和胡椒調味即可。

把雞蛋米糊用湯匙一個個舀入湯頭裡，中火煮滾後再小火煮至米疙瘩浮起。

Tips

▼

湯頭的食材可隨季節及個人喜好替換。

蔥香
南瓜煎餅

原本這道菜的作法只有南瓜泥和米穀粉，加上胡椒跟鹽，甜甜鹹鹹的很好吃。後來我的好朋友做了加上紅蘿蔔絲和青蔥的版本，替南瓜煎餅增加了不同層次的口感跟香氣，我覺得更上一層樓，因為南瓜跟青蔥是超級好朋友啊，所以就沿襲了這個作法。如果加上一點乾煸過的櫻花蝦也很棒！

南瓜是種很容易吃不完就腐壞丟棄的食材，畢竟現在家庭人口少，吃不完的食材總切塊丟冷凍也不是辦法，冷凍庫永遠都不夠大啊！後來我會用這道料理把剩下的南瓜趁新鮮消耗完畢，很適合當成小孩課後的點心。

材料

南瓜 250g
紅蘿蔔絲 50g
青蔥 5支
白米/糙米米穀粉 120~150g
白胡椒粉 適量
鹽 少許

作法

1 紅蘿蔔切細絲、青蔥切末備用。

南瓜去籽，連皮切丁蒸熟，再壓成泥備用。

將上述材料及米穀粉拌勻，並用鹽、白胡椒粉調味。

起油鍋，下鍋攤成餅狀煎熟即可。

塔香米煎餅

在我新婚的時期，曾經短暫的在新竹居住工作一年多，當時工作的地點在新竹城隍廟口附近的北門街，當時街上還有一整排的古早紅瓦街屋，街上開的多是經營了數代的老店，其中有一家兼賣早餐的傳統雜貨店專賣九層塔蛋餅，事先用粉漿水攤成軟軟QQ的餅皮，厚厚的一落疊在盤子上，客人點單後用九層塔拌入蛋液，鋪上一層餅皮一起煎熟，刷上蒜蓉辣椒醬汁後捲起切塊，一份可以就能讓我飽到中午，搬離新竹後，我在其他地方再也沒看過這種作法。

九層塔有白梗跟紅梗的分別，白梗的較香，紅梗的可以補血，在這裡兩種都能用。米穀粉攤成餅太薄容易破，太厚又不好吃，所以我改變作法，把蔬菜末跟一顆蛋直接加在米漿裡，再用另一顆蛋像煎蛋餅般的煎熟。

份量：兩人份

材料

九層塔 適量
青蔥 2支
雞蛋 2個
白米/糙米米穀粉　75g
冷水　50g

醬料

醬油 適量
蒜蓉、辣椒末 適量

作法

將九層塔、青蔥洗淨切末。

加水和一顆蛋拌勻，再加入米穀粉跟切好的蔬菜末，使其成為濃稠的餅糊，約是融化冰淇淋的狀態。

起油鍋，將餅糊下鍋攤平煎，煎到兩面金黃，再另外打上一顆蛋，把餅皮貼在上方，一起煎到兩面金黃。

切塊後搭配醬料享用。

花生豆腐

花生是台灣很常見的雜糧作物，中南部的花生比較大顆，味道很香濃，宜蘭周邊的花生個頭較小，味道偏甜。生的花生容易發霉而產生黃麴毒素，對肝臟不好，所以我會找將花生冷凍或冷藏販售的店家來購買。

花生豆腐其實不是豆腐，它是用在來米粉幫助凝固的，我覺得它的口感比較像粿。入口即化的花生豆腐在南部的吃法是淋上蒜頭油膏，但花生豆腐本身是純素的，所以我設計了一個素食的醬汁，根據眾多試吃小天使的回報，口味非常搭配。

花生豆腐作法簡單、清爽好吃，這個應該會變成我家夏天的常見菜色。

份量：20cm*20cm 1個

純素

材料

花生豆腐

生的花生 200g
水 500g~600g
在來米粉 180g

醬汁

蔭油 4大匙
烏醋 1大匙
辣油 適量
炒花生（去皮） 適量
香菜 適量

作法

 花生洗淨泡水，放置冰箱冷藏
一晚。

將花生取出洗淨，加400g的水打成漿。

用濾網過濾花生漿，並加冷水補足至
600g。

加入在來米粉，攪
拌均勻。

用最小火煮花生米漿，用打蛋器邊攪邊煮，避免黏鍋。
煮到呈現黏黏的糊狀，熄火入模，可用手沾上冷水來整
形。

蒸好放涼後切塊，搭配醬汁
即可享用。

放入鍋中用中大火蒸15分鐘，模型上方
可蓋一條毛巾，避免水氣滴入。

Tips
▼

此配方口感紮實，若喜歡軟嫩口感，可將在來米粉減量。

第十二課

挑戰味蕾的
異國料理

日式大阪燒

這算是把我推向製造米穀粉這條不歸路的關鍵之一。收到日本原廠送來的米穀粉樣品時，試著做了很類似的料理，非常驚訝於成品外酥內軟不油膩的口感，立刻對米穀粉產生了濃厚的興趣，邊做邊修正成現在的配方。

我在上課時常常跟學生介紹這是清冰箱料理，運用一樣的思維，不管是快發黃的青菜、還是快過期的肉片，只要切一切拌好下鍋煎熟，都能吃光光，絕對不會浪費，唯一要注意的是，不能用味道太特殊的青菜，像是A菜或美生菜，味道會變得很奇怪。

這道料理也很適合讓家長用來騙小孩吃青菜。

份量：1人份

材料

里肌火鍋豬肉片 3片
白米/糙米 米穀粉 50g
青蔥 一支
高麗菜絲 50g
紅蘿蔔絲 15g
玉米粒 15g
雞蛋 1個

調味料

蔭油膏、美乃滋適量
裝飾
柴魚片、白芝麻 少許

作法

一定要將高麗菜跟紅
蘿蔔切細絲，若切成
細末餅會容易破。

將蔬菜絲、蛋、米穀粉攪拌均勻，加入適量的水，做成濃稠狀的米糊。

鍋中放油開中火，舀入蔬菜米糊，在鍋中攤開，上面鋪上里肌肉片。

蓋上鍋蓋用小火煎至半熟，翻面，將肉片煎至金黃酥脆。

盛盤，淋上適量調味料即可。

日式
唐揚雞塊

如果有去日本料理餐廳，我們家很喜歡點份唐揚雞塊，清爽的調味有別於五香味道
濃重的台式炸雞，淋上酸鮮的檸檬汁，味道更是加分。

一般唐揚炸雞會用到醬油和麵粉，我為了配合家人的體質，將之改成黑豆蔭油和米
穀粉，口味並無太大差別，而且外脆內多汁的口感非常棒，建議做來吃吃看。

材料

去骨雞腿肉 300g
小型雞蛋 1個
白米/糙米米穀粉 1~2大匙
檸檬 1~2片
七味粉 適量

雞肉醃料

蔭油 1大匙
味霖 1/2大匙
蒜泥 少許
薑泥 少許
黑胡椒粉 少許

作法

1. 拌勻雞肉醃料的所有材料。雞腿肉切成一口大小，加入醃料拌勻，醃半小時。

雞蛋打散加入醃好的雞肉中，抓拌均勻。

再加入米穀粉拌勻，使雞肉外表形成一層裹衣。

食用前擠上檸檬汁及配上七味粉享用。

起油鍋，加入適量的油，用中火將雞塊炸至金黃熟透。

印度
咖哩雞腿排

米穀粉混上香料及鹽可以做出各種變化的裹粉，我們家很喜歡吃用印度香料做的咖哩，所以才做出這道咖哩雞腿排。

一般市售的咖哩塊成分複雜，所以我習慣買原形香料，再依據習慣跟食材配出喜歡的味道，如果有興趣的朋友能參考日本水野仁輔老師的相關著作，很容易上手。也可以買配好的咖哩粉，做起來會比較容易。

也可以更換成任何喜歡的綜合香料，像是義式綜合香料、紐奧爾良烤雞香料等……

材料

去骨土雞腿肉（需橫向切
幾刀，斷筋）1支
小黃瓜 1條
洋蔥 少許
香菜 少許

米穀香料粉

印度咖哩粉 適量
鹽 適量
白米/糙米米穀粉 2大匙

作法

將去骨雞腿雙面抹上米穀香料粉，冷
藏醃2~4小時。

小黃瓜、洋蔥切細絲泡冰水15分
鐘，瀝乾後放在冰箱冷藏備用。

盤子中央放冰鎮過
的洋蔥小黃瓜絲，
放上切好的雞腿
排，再撒上香菜
末。

用平底鍋、不放油，雞皮朝下開始煎，初時用中火煎到兩
面黃，續用小火蓋鍋蓋煎5分鐘，熄火後掀鍋蓋雞腿放在鍋
裡續熱5分鐘，待肉質鬆弛，再切片。

Tips

1. 雞腿排醃漬隔夜會更入味。
2. 可更換成白肉魚排，醃漬時間調整成30分鐘即可。

家常可樂餅

當孩子們小的時候，學校有時會舉辦一家一菜的活動來讓大家聯絡感情，我很常做可樂餅，內餡跟口味可以隨喜好跟預算做變化，大家拿在手上吃也方便，況且我還沒遇過討厭可樂餅的小朋友，我做的可樂餅總是第一個被吃完的。

這裡用杏仁粒取代麵包粉來做出酥脆的口感，杏仁片、原味玉米片、壓碎的鹽味洋芋片我都試過，都可以用，得注意的是要把材料壓緊一點，才不會一下鍋炸就掉光光了。

如果混合好的洋芋泥太軟難操作，可以放涼冷藏一到兩個小時再使用。也可以用烘焙紙將其捲成長條狀，冷凍至微硬的狀態，再切成片狀，就會有形狀非常一致的可樂餅。

材料

可樂餅

馬鈴薯 400g
絞肉（牛豬雞皆可） 50g
洋蔥末 50g
黑胡椒粉 適量
鹽 適量

可樂餅外衣

白米/糙米米穀粉 適量
雞蛋 2個
杏仁粒 200~300g

沾醬

有機番茄醬 2~3大匙
檸檬皮屑 1小匙

作法

馬鈴薯去皮，切成大塊，蒸熟趁熱壓成泥備用。

用兩匙油炒香洋蔥末及絞肉，並用胡椒粉及鹽調味，味道要比平常更重。

將炒好的洋蔥肉末倒入馬鈴薯泥內拌勻。

捏成喜歡的大小，
厚薄要均勻一致。

將整型好的可樂餅，按照米穀粉、蛋汁、杏仁粒的順序沾
上，再靜置2~3分鐘。

可沾檸檬番茄醬或
喜歡的醬料享用。

起油鍋，將靜置過的可樂餅放入鍋中用
中火半煎炸，至兩面金黃即可。

Tips

　馬鈴薯泥可趁熱加上一大匙奶油拌勻增加香氣。

韓式泡菜
海鮮煎餅

我們家非常喜歡韓國料理，除了會到處找好吃的韓國料理店，家裡也會找食譜來做做簡單的菜色，道不道地也不知道，但保證是家人喜歡的口味，女兒們的便當裡的韓式泡菜炒年糕常被同學偷夾，準備的份量一定要比平常更多。

泡菜海鮮煎餅的材料比較複雜，要預先處理的功夫也比較多，但米穀粉做出來的煎餅不油不膩，非常爽口好吃，酸酸脆脆的韓國泡菜更是一大亮點。但選購韓式泡菜時要注意原料成份，化學添加物的種類越少越好，不妨冷藏櫃裡每個品牌都拿起來比較看看。

如果不吃海鮮則可替換成乾鍋炒香的杏鮑菇丁。

材料

蝦仁、花枝各50g
韭菜、青蔥各25g
韓式泡菜 100g
綠豆芽菜 適量
高麗菜絲 100g
雞蛋 1顆
糙米/白米米穀粉 50g
食用油、麻油 各1大匙
白芝麻少許

沾醬

蔭油 25g
冷開水 25g
米醋 10g
砂糖 5g
蔥花、白芝麻少許

作法

蝦仁、花枝切成一口大小，川燙備用。

青蔥切末，韭菜切段、泡菜切成小丁、高麗菜切細絲，準備好後加上豆芽菜一起拌勻。

加入雞蛋、米穀粉拌勻。

平底鍋中加入兩種食用油跟白芝麻，小火煎香。

再加入海鮮，若太乾可加一點泡菜汁。

倒入海鮮煎餅糊，用中小火加蓋煎至兩面金黃即可。

配上沾醬一起享用。

馬鈴薯
雞肉濃湯

我的做菜最高原則是越簡單越好，所以我很愛一鍋搞定的料理，這道料理便是在這種情況下誕生的。傳統的濃湯要先炒奶油麵粉糊，再另起一鍋炒食材煮湯，這樣實在太麻煩了，索性試著把米穀粉丟進去跟食材一起炒，細緻的米穀粉很快就化開，均勻的沾附在食材表面，效果很不錯呢！而米穀粉溫潤的香味，為這道湯增添了柔和的感覺。

這道湯有澱粉、蛋白質、油脂、纖維質，是完整的一餐，食量小的人喝一碗這樣的湯就會飽了，食量大的人也可以另外準備米麵條或米麵包配著吃，更具有飽足感。

材料

去骨雞腿肉 300g
洋蔥 100g
紅蘿蔔 100g
馬鈴薯 200g
白米/糙米 米穀粉 30g
青花菜 6~8 小朵
有機椰漿（400ml）1罐
水 1200g
乾燥百里香 1小撮
乾燥奧勒岡 1小撮
黑胡椒粉 適量
鹽適量

作法

1 將雞腿肉、蔬菜全切成一口大小。

拿一個厚底湯鍋，放入兩大匙油，用中火先炒香洋蔥後，再放入雞腿肉煎至表面略呈金黃色。

加入紅蘿蔔、馬鈴薯略炒幾下，將米穀粉均勻灑入，再拌炒至香味飄出，約1分鐘。

加入椰漿、水、香料等，煮開後轉小火燉煮20分鐘，要常常攪拌，避免沾鍋。

起鍋前用黑胡椒粉
跟鹽調味。

最後加入青花菜煮一分鐘至其熟透。

Tips

1.可用各種喜歡的油，我用的是玄米油。

2.椰漿可替換成豆漿或牛奶。

3.水的份量可減少至一半，就變成濃稠的燉菜。

櫻花蝦仁燒

日本發展米穀粉的各種應用方法超過20年了，除了各式的無麩質餐廳、米甜點店，就連預拌粉也有很多種類，我記得有各種口味的濃湯預拌粉、大阪燒預拌粉、還有最有趣的章魚燒預拌粉……日本真不愧是食品添加物王國，幾乎各種食品都含有一堆添加物，但我不太贊成吃那樣的食品，也就沒買回來嚐試。

直到去年買了一台章魚燒機，才開始試做米章魚燒，配方裡的材料都很容易取得，備料很輕鬆，但是等到開始烤章魚燒的時候，會不由得對全世界的章魚燒師傅懷抱崇高的敬意，怎麼我烤得一片狼藉、手忙腳亂，只有破破爛爛的露餡章魚燒，而電視上看到的師傅們卻顯得既輕鬆又優雅，每顆章魚燒都烤得金黃渾圓？

份量：16~18顆

材料

醬汁

水 100g
蔭油膏 50g
蒜泥 少許
味霖 少許
糖 少許
米穀粉少許

米糊

白米/糙米米穀粉 100g
水 100g
雞蛋 1顆
無鋁泡打粉 1小撮
鹽 1小撮

配料

切成細末的高麗菜 100g
川燙過的沙蝦仁 16~18隻
乾鍋焙香的櫻花蝦 適量
玄米油 適量
美乃滋 適量
日式香鬆 適量
柴魚片 適量

作法

1 先製作醬汁,將除了米穀粉以外的材料通通加在小鍋子裡,用小火煮開並調整成喜歡的味道。接著米穀粉用冷水調開,用來勾芡至醬汁濃稠,放涼備用。

櫻花蝦乾鍋焗香,蝦仁燙熟備用。

所有米糊的材料全部拌勻,備用。

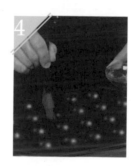

章魚燒烤盤先均勻塗上油。

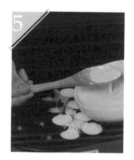

粉漿平均倒滿,將模型上的圓洞完全填滿。

快速均勻撒上一層高麗菜末,並在每一個圓洞放上沙蝦仁和櫻花蝦,再補一點粉漿。

烤到半熟，用竹籤將蝦仁燒一邊收邊一邊翻轉至熟透，外表金黃為止，粉漿若
太少可隨時補上。

取出蝦仁燒排在盤子上，淋上美乃滋、
醬汁、香鬆、柴魚片。

Tips

可配上山葵芥末醬享用，別有一番風味。

峇里島香料
玉米餅

明芳是我在工作場合認識的朋友，她是使用香料的達人，也出過兩本跟香料有關的書籍，在我認識她之前，就很喜歡用她家品牌的有機椰糖。

峇里島山奈玉米餅是她第二本著作中的一道料理，在台灣不容易買到山奈粉，中藥行只有賣山奈塊，用起來不方便，所以向明芳請教後，我把山奈粉改成品牌沙嗲香料粉、檸檬葉改成檸檬皮，讓大家比較容易把材料找齊。但是沙奈有著芳香略帶辛辣的獨特風味，可以用擦板把山奈擦碎加上一點，會對玉米餅產生畫龍點睛的效果。

這道料理簡單又好吃，當配菜或點心都很棒，聞起來散發著濃濃的南洋氣息，跟台灣較常見的泰國菜或越南菜有著截然不同的風味，米穀粉讓整體吃起來酥脆又不油膩，口感一級棒，希望大家有機會也試試看。

材料

玉米　2支　（玉米粒250g）

蝦仁　150g

雞蛋　3個

白米/糙米米穀粉　100g

沙嗲香料粉　15g

檸檬皮　一顆份

蒜泥　兩顆份

鹽　少許

香菜（可省略）　兩棵

山奈（可省略）　少許

作法

1 把玉米粒削下來、蝦仁切小
塊、香菜切小段備用。

先把雞蛋打到盆子裡攪散,把材料表上的材料通通加進去,仔細攪拌均勻,讓
混和物呈現半融化的冰淇淋狀。

起油鍋,油量略多,
用湯匙舀入適當大
小,半煎半炸至兩面
呈金黃色為止。排在
盤子裡後表面可再撒
上少許檸檬皮做裝
飾。

Tips

1. 真心建議使用新鮮玉米,比用罐頭玉米粒好吃很多倍。
2. 蝦仁可以改用雞肉取代。

佳實米穀粉

台灣安全好米・日本磨粉技術・無麩質素材

2016 十大嚴選穀得獎佳作
2017 十大嚴選穀得獎 國產原料組 優勝

如實製粉

營業時間：周一到周五 9：00〜12：00、13：30〜17：30
地　　址：320桃園市中壢區內定二十街158巷30號一樓
訂購電話：03-4518008

陸穀實業

LUGU INDUSTRY CO., LTD.

純‧醇‧濃
自然豆香、
越喝越順口

本土非基因改造

產地直送新鮮原豆製作
每一口都喝到新鮮

LINE@

@lugurice

03-4772498

KAISER ®

威寶不鏽鋼專業烤箱
36升上下火獨立溫控設計 KHG-36

CONVECTION

單獨發酵

單獨發酵 鑽石背板 旋風烘烤

36L

獨立溫控 36升容量 選轉烤架

KAISER ®

威寶大廚 60 升全功能烤箱
KAISER Chef 60 Multifunction Convection Oven

能適應及配合各種專業級料理

烤籠+烤海鮮籠

業界唯一 60升

雙層玻璃

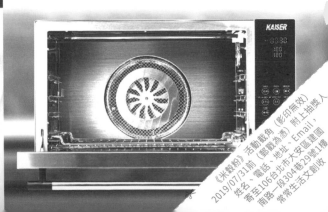

《米穀粉》活動藏角 (影印無效)
2019/07/31前 (郵戳為憑) 附上抽獎人
姓名、電話、地址、Email，
寄至106台北市大安區建國
南路一段304巷29號1樓
常常生活文創收

米穀粉的無麩質烘焙料理教科書

用無添加的台灣米穀粉取代麵粉，成功做出麵包、鬆餅、蛋糕、司康、塔、派、餅乾及中式點心、異國與家常料理

作　　者	鍾憶明	法律顧問	浩宇法律事務所
責任編輯	林志恆	總 經 銷	大和書報圖書股份有限公司
封面設計	張克	電　　話	02-8990-2588
內頁設計	詹淑娟	傳　　真	02-2290-1628
攝　　影	王銘偉		
插　　圖	廖偉志	印刷製版	龍岡數位文化股份有限公司
		初版一刷	2019年4月／2019年5月 再刷
發 行 人	許彩雪	定　　價	新台幣420元
總 編 輯	林志恆	I S B N	978-986-96200-7-9
行銷企畫	黃怡婷		
出　　版	常常生活文創股份有限公司	版權所有・翻印必究	
E-mail	goodfood@taster.com.tw	（缺頁或破損請寄回更換）	
地　　址	台北市106大安區建國南路1段		
	304巷29號1樓		
電　　話	02-2325-2332		

讀者服務專線　02-2325-2332
讀者服務傳真　02-2325-2252
讀者服務信箱　goodfood@taster.com.tw
讀者服務網頁　https://www.facebook.com/
　　　　　　　goodfood.taster
　　　　　　　www.goodfoodlife.com.tw

FB｜常常好食

網站｜食醫行市集

國家圖書館出版品預行編目(CIP)資料

米穀粉的無麩質烘焙料理教科書：用無添加的台灣米穀粉取代麵粉,做出麵包、鬆餅、蛋糕、司康、塔、派、餅乾及中式點心、異國與家常料理 / 鍾憶明作. -- 初版. -- 臺北市：常常生活文創, 2019.04
224面 ;17*23公分
ISBN 978-986-96200-7-9(平裝)

1.點心食譜

413.98　　　　　　　　　　　108003300